15位新娘的
实用妆容造型方案

MAKEUP & HAIRSTYLE
FOR FIFTEEN BRIDES

温狄 编著

人 民 邮 电 出 版 社

北 京

图书在版编目（ＣＩＰ）数据

15位新娘的实用妆容造型方案 / 温狄编著. -- 北京：
人民邮电出版社，2015.11
ISBN 978-7-115-40152-6

Ⅰ. ①1… Ⅱ. ①温… Ⅲ. ①女性－化妆－基本知识
Ⅳ. ①TS974.1

中国版本图书馆CIP数据核字(2015)第230650号

内 容 提 要

本书以 15 位新娘为模特，从素颜开始分析新娘的面部特征，并为其做准确的定位，然后图文并茂地讲解了搭配白纱、礼服和旗袍的妆容与发型，同时深入解析了服饰的选择技巧。书中共有 45 款不同风格的妆容和 135 款不同风格的发型，均根据新娘自身的特点量身打造，且以实用为出发点。书中的案例步骤清晰，文字详细，使读者能够迅速掌握其中的要领。

本书既可作为在职化妆造型师的参考用书，又可作为相关教育机构的培训教材，同时还可供准新娘借鉴。

◆ 编　著　温　狄
　　责任编辑　赵　迟
　　责任印制　程彦红

◆ 人民邮电出版社出版发行　　北京市丰台区成寿寺路 11 号
　　邮编　100164　　电子邮件　315@ptpress.com.cn
　　网址　http://www.ptpress.com.cn
　　北京盛通印刷股份有限公司印刷

◆ 开本：889×1194　1/16
　　印张：13.5
　　字数：565 千字　　　　　　　　　　2015 年 11 月第 1 版
　　印数：1 – 3 000 册　　　　　　　2015 年 11 月北京第 1 次印刷

定价：89.00 元
读者服务热线：(010)81055410　印装质量热线：(010)81055316
反盗版热线：(010)81055315
广告经营许可证：京崇工商广字第 0021 号

　　一名专业的新娘化妆师应该懂得根据新娘的气质、身高、年龄等因素来设计造型，而不是千篇一律。每位新娘在结婚的时候都希望自己是美丽而独特的，因为那时是她一生中最美的时候。在化妆造型设计中，化妆造型师如果能做到因人而异、扬长避短，即可让不同的新娘显示出符合她自己个性与气质的美丽。设计新娘的化妆造型时，我们不仅要具备专业的知识和娴熟的技术，还要结合当下的时尚潮流及场合，根据新娘脸形、身材的特点来选择服装与发型。

　　此书从开始策划到现在出版，经历了两年多的时间，其间反反复复地修改、磨合，只是为了将最好、最实用的东西呈现给读者。本书以新娘婚礼当日作为背景，将 15 位新娘的化妆造型分为白纱、礼服和旗袍三大环节，打造出 135 款不同风格的发型，并以图文并茂的形式对发型步骤进行分析；同时还打造了 45 款不同的风格妆容，并将每个妆容进行了细致的风格分析，还附带白纱妆容由素颜到完成的清晰过程。另外，本书还通过图片、文字的形式教读者如何选择适合新娘的服装。

　　书中的妆容造型风格丰富而多元化，有清新的、优雅的，还有古典的，等等。读者只要具备专业的审美眼光，加上勤奋和积极的态度，便可将书中的内容灵活运用、融会贯通，相信每个化妆师的化妆造型技艺都会进入更高的境界。

　　最后，祝同行的所有兄弟姐妹们越走越好，以使我们共同的事业越来越繁荣。

温狄

2015.6.21

CONTENTS

BRIDE|01
简洁柔情似水

脸形特征

新娘脸部的轮廓线条较为圆润，缺乏立体感。其五官较为集中，颧骨较高，缺乏细腻感。脸部痘印较为明显，但肤色较为均匀。眼睛大而有神，眼头较为宽阔，五官量感较为匀称，属于柔美型新娘。

新娘定位

结合新娘的五官特点和给人的印象，我们将其塑造成柔情似水的女性形象，使其温婉动人、清丽秀美。

妆面重点

打造眼部高光，突出明眸亮眼。将银色眼影铺开晕染眼睑，与细腻简洁的眼线相结合，以打造出清透温柔的眼部效果。整个面部运用亚光裸妆粉底，在腮部轻轻扫上一层橘色腮红，再搭配同样裸妆色系的唇妆，干净且不失时尚大气。咖啡色粗眉的效果，为整个妆面添加了一丝英气。

白纱妆容

典型的东方温柔感在清透的妆面上完美地呈现。明亮的双眼在银色高光眼影的映衬下，显现出无限光芒。肉粉色的唇蜜与裸色底妆，搭配纯洁的白色头饰，再加上白纱的效果，打造出此款楚楚动人的新娘造型。

礼服妆容

眼部依然采取高光效果，在银色眼影的基础上，增添淡淡的桃红色与金咖啡色眼影进行晕染，突出一点点华贵的气息。改变腮红的位置，从颧骨处开始，运用阴影效果凸显出更加立体的五官。

旗袍妆容

加长眼线的修饰，运用猫眼式眼线，增加妩媚与柔美感。打造正红色唇妆，并减淡腮红的色调，让焦点集中于唇部。搭配相同色系的旗袍，充满古典神韵的东方造型，瞬间打造出那个时代的风韵。

01 选择一款遮瑕效果较好的膏状粉底，对面部皮肤进行底妆处理（用指腹以按压的手法为面部上底妆）。

02 为使肌肤呈现完美无瑕的底妆，还需蘸取遮瑕膏进行局部遮瑕。

03 在眼窝处使用白色珠光眼影进行大面积平铺晕染（由前眼窝向后眼尾进行晕染过渡。可覆盖至眉骨处）。

04 贴近睫毛根部描画精致流畅的眼线。

05 将自身睫毛夹翘后，贴近睫毛根部粘贴浓密型的假睫毛。

06 为使真假睫毛完美融合，用睫毛膏进行涂刷。同时将下睫毛刷成根根分明的状态。

07 为使眼部更具神韵，在下眼睑的眼头处用白色眼影笔进行提亮。

08 选择一款棕色眉笔，勾勒出略微高挑的精致眉形。

09 以斜向扫法由颧骨的最高点向内扫出淡淡的肉粉色腮红。

10 精致淡雅的眼妆无需用色彩分明的唇妆来点缀，只需涂抹上丰盈滋润的透明唇彩即可。

HAIRSTYLE
白纱发型：优雅女神发包

01　将头发用玉米须夹板烫卷。

02　将头发扎成高马尾。

03　将发尾的头发向前覆盖并拧转。

04　下卡子将发尾固定，做成饱满圆润的发髻。

05　取精美别致的珍珠发饰，点缀在发包衔接处。

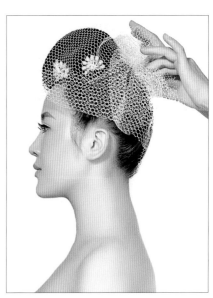

06　将大网纱佩戴在马尾的发髻处。

发型重点

高耸饱满的赫本发包，不仅能够提升新娘的气质，同时还能起到改变脸形的作用。
搭配珍珠头饰与大网纱，整体发型显得高贵大方，同时还多了几分优雅与浪漫。

DRESSING
优雅与时尚并行
选择适合自己的婚纱

清新、自然、简约是当下审美的广泛共识之一。
此款服装采用了抹胸和紧致腰身的设计，既简约
又高雅，适合胸部线条比较好的新娘。在裙身部分，
垂坠质感的设计更凸显了新娘修长的身材及优雅
的气质。婚纱整体凸显了新娘清新的气质。

其他婚纱款式推荐

双层鱼尾设计的拖尾极具层次感，束
腰紧身的抹胸结合背部捆绑式的设计
更便于穿戴。此款婚纱适合追求精致
且身材较好的新娘。

奢华鱼尾设计浪漫优
雅，结合性感的深V领，
营造出高挑的时尚感，
让新娘集高贵与精致于
一身。

复古的包肩设计典雅妩
媚，更能起到修饰肩部
线条的作用。修身鱼尾
的设计尽显新娘优雅曼
妙的身材曲线。

雅致花韵白纱发型

此款发型在操作过程中，发髻一定要梳理干净，不要有碎发；偏侧的拧包要固定牢固；发尾要藏好；要巧妙地利用头花发饰来修饰发型不够饱满之处或有缺陷的地方。尽显婉约的偏侧发髻，光洁而圆润。利用头饰的点缀，使得整体发型更为饱满大气；利用漂亮的仿真花结合浪漫的斑点头纱点缀，将新娘甜美婉约的气质表现得淋漓尽致。

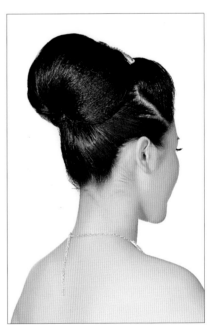

明艳高贵白纱发型

刘海区的拧绳分区要细致均匀。顶发区的发包高度要根据新娘脸形的特点来控制，长脸的发包要低，圆脸或方脸则高。清爽简洁的拧绳盘发搭配顶发区高耸的包发，再结合头纱与饰品的点缀，尽显新娘时尚简约的明星气质。

HAIRSTYLE
礼服发型：端庄柔美盘发

01 将头发分为左右刘海区、顶发区及后发区。

02 将顶发区的头发做拧包，收起并固定。

03 在后发区左侧取一股头发，向右侧提拉，拧转并固定。

04 继续以相同的手法进行交替拧转，并固定至后发区发际线边缘处。

05 将剩余的发尾向上做卷筒状，收起并固定。

06 取大号电卷棒，将左右刘海的头发进行外翻烫卷。

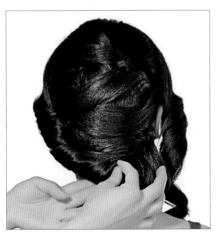

07 将左侧刘海沿着发卷向后提拉，下卡子固定。

08 将另一侧的刘海以相同的手法操作。

09 在发髻处点缀精美的珍珠发卡。

发型重点

此款偏侧不对称的低发髻盘发，利用了交叉拧转的手法并结合烫发来完成。错落有序的层次纹理通过珍珠发饰的点缀，将新娘优雅端庄的气质表现得更为突出。

DRESSING
柔美与幸福的融合
选择适合自己的礼服

随着时代的进步，越来越多的新娘选择穿着具有时尚个性的服装。同时，更多的潮流元素融入礼服的设计中。这款礼服一改传统的审美定位，采用了时尚短裙和吊带的设计，让新娘更加时尚、动感。胸部和腰部的褶皱纹理设计，更好地点缀了此款礼服的时尚气息。裙身偏向紧凑的设计，更能彰显新娘修长的腿部线条。

其他礼服款式推荐

经典的深V领礼服性感而妩媚，腰带式的腰部设计勾勒出新娘高挑优雅的身姿。此款礼服适合胸部曲线较好但腰部及腿部线条不够完美的新娘。

深V镶空的设计能够凸显丰满的胸部，高腰包臀的设计尽显婀娜曼妙的身姿。塔配小拖尾的裙摆，更加性感优雅。

时尚的单肩吊带设计性感而优雅，高腰包臀的设计能够凸显身材的曲线，使得新娘犹如童话里的美人鱼服优雅婀娜。

华丽养眼礼服发型

偏侧式的三股单边续发编辫精致有形，通过左右不对称式的拧绳及连续拧转手法，使后发区形成后缀式的倒三角发髻。光洁精致的编发发髻搭配个性的饰品来点缀，尽显新娘成熟、端庄、时尚、靓丽的气质。

成熟美艳礼服发型

此款发型运用了打毛、拧包拧转的手法打造而成。重点需注意刘海与后发区的发髻之间的衔接，使其过渡自然。偏侧的拧包发髻结合略微饱满的刘海，时尚而美丽。搭配蝴蝶头饰，使发型富有层次感。

HAIRSTYLE
旗袍发型：中华韵味盘发

01 将刘海头发的根部打毛，然后将刘海做外翻拧包、收起并固定。

02 将顶发区的头发打造成高耸而饱满的拧包，收起并固定。

03 取左侧区的头发，向枕骨处提拉，拧转并固定。

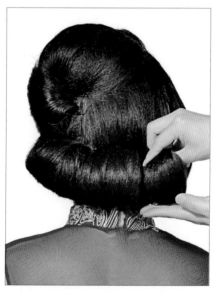

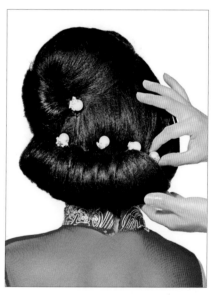

04 将后发区左侧的头发做卷筒，收起并固定。

05 将剩余的头发做卷筒，收起并固定，使3个卷筒自然衔接。

06 在后发髻处点缀珍珠头饰。

发型重点

时尚外翻的刘海，用于修饰额头。高耸饱满的发包能够提升新娘的气质，再搭配后发区精美优雅的卷筒组合，完美地将新娘时尚古典的气质融为一体。

DRESSING
散发风华的光芒
选择适合自己的旗袍

旗袍对于每一个东方女子都有无限的诱惑，因为旗袍让东方女子的静、雅、美淋漓尽致地展现出来。身着优雅旗袍的风韵女子，无论走到哪里，永远都是一道靓丽的风景。在此款旗袍中，现代的胸部镂空设计，加之经典的刺绣，折射出过去与现在、时尚与传统的设计理念。精致紧身的设计，让新娘身材的曲线美毫无保留地凸显出来，并显得更加唯美细腻，又不失时尚唯美。

其他旗袍款式推荐

琵琶领搭配不规则的三角形镂空的设计，既性感又不过于暴露，将东方女子的含蓄内敛很好地体现了出来。修身提臀的紧身设计则更加呈现了新娘古典优雅的韵味。

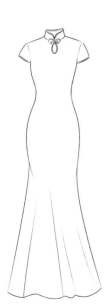

包肩的设计含蓄淳朴，高腰直筒式的裙摆将新娘的身材修饰得更加高挑。琵琶领搭配水滴洞的设计则呈现了新娘性感的气息。

琵琶领搭配水滴洞的设计带有性感的韵味。高腰贴身设计勾勒出新娘优美的身材曲线。小鱼尾的裙摆则增添了几分时尚与优雅。

简洁极致旗袍发型

此款发型运用了玉米烫、卷筒、手打卷及拧包手法打造而成。重点需掌握拧包与拧包之间的衔接，以及整体发型的饱满轮廓。经典的偏侧发髻盘发最能体现东方女性的古典韵味，能够迅速提升新娘温柔含蓄的高雅气质，使其婉约而不失华丽感，让东方女性的古典浪漫气质得以复现。

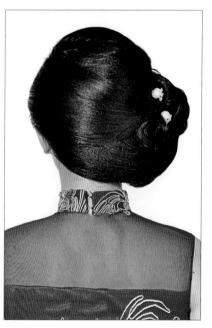

含蓄高贵旗袍发型

此款发型运用了打毛、拧绳续发及拧绳手法打造而成。重点需掌握使整体发型饱满而圆润，顶发区及刘海区头发的根部要打毛到位。简洁的后发髻盘发结合略微外翻的刘海造型，既体现了新娘时尚、简约的风格，又凸显了新娘端庄、雅致的韵味。

BRIDE|02

色彩成就美丽

脸形特征

这位新娘的长相可爱且脸形较小，具有减龄的作用。新娘的眉眼间距开阔，眉毛较粗且眉色较深；新娘面部轮廓的线条较为柔和，额头较宽而缺乏饱满圆润之感；五官不够立体，颧骨处稍显平淡，但眼睛大且圆是她的一个显著特点。可结合其自身特点及性格，将新娘的美发挥到极致。

新娘定位

活泼好动、青春无敌的美少女形象，将年轻时的青涩与懵懂一并展现。

妆面重点

延续新娘天生娃娃脸的优势，将妆面重点放在眼部与唇部。用咖啡色眉笔淡化新娘原本较为粗重的黑色眉毛，使之柔和而圆润。将时下流行的猫眼眼线搭配长长的睫毛，使新娘活泼间增添些许娇俏。在唇妆方面，挑选糖果色系唇彩，以凸显新娘年轻时尚的美少女形象。

白纱妆容

对于白纱造型的妆面，用T字区的高光效果来呈现出更加立体的五官。运用银色高明度眼影铺开晕染，提亮整个眼部的神采。在这个"青春由我做主"的时代，我们挥洒着美丽。

礼服妆容

俏皮的鹅黄色成为整个妆面的主导色彩。大面积鹅黄色与金色的晕染，在眼部打造出更加童趣的俏丽。上下眼线使厚重感增强。运用咖啡色腮红，并搭配肉粉色亚光唇膏，使新娘的美丽充分展现。

旗袍妆容

三色眼影的渐变过渡的运用，是整体造型的亮点。鹅黄色、亮金色和玫红色，撞击出一个女人的甜美与可爱。将眼影延续到下睫毛处，让整个眼部妆容浑然天成。

01 用海绵粉扑蘸取与肤色接近的乳状粉底，以按压式完成底妆。

02 在眼部下方及T字区进行局部定妆。

03 提拉后眼尾的眼皮，贴近睫毛根部描画眼线。

04 用黑色眼影对眼线边缘进行晕染，并加宽眼线。

05 蘸取浅金色眼影，在上眼睑处平铺晕染。

06 修剪出合适的美目贴，调整眼形。

07 夹翘睫毛，并贴近睫毛根部粘贴假睫毛。

08 将上下睫毛涂刷出根根分明的效果。

09 用白色珠光笔提亮眼头。

10 由鼻根处起笔，向下扫出自然柔和的鼻侧影。

11 用眉粉轻扫出自然的眉形。

12 选取粉色腮红，在苹果肌处以打圈手法扫出腮红。

13 用淡粉色的唇彩修饰唇形轮廓，打造粉嫩水感的唇妆。

HAIRSTYLE

白纱发型：韩式唯美编发

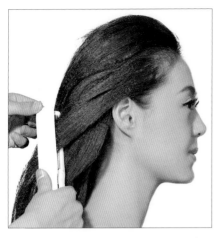

01 将所有头发用玉米须夹板进行烫卷，使其蓬松、增加发量，以易于造型。

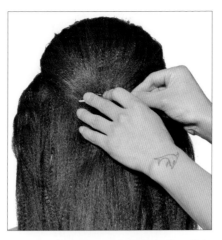

02 将顶发区的头发做包发，收起并固定。

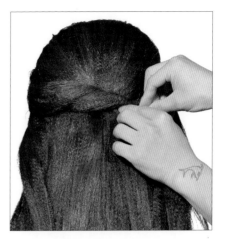

03 在左侧取一股头发，向右侧提拉，拧转并固定。

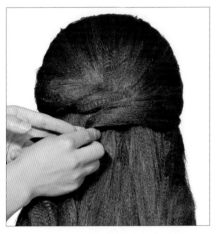

04 在右侧取一股头发，向枕骨处提拉，拧转并固定。

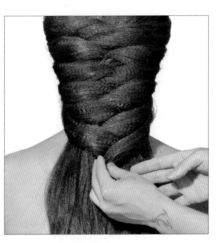

05 继续以相同的手法进行交叉拧转，收起并固定。

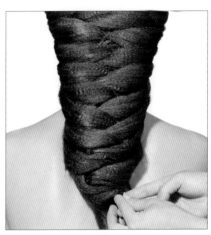

06 收至发尾末端，注意发片的分配要均匀。

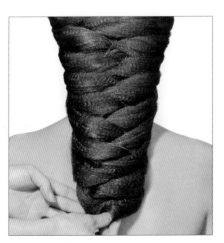

07 将发尾的头发向内拧转，收起并固定。

08 在顶发区佩戴皇冠，以烘托整体发型的唯美感。

发型重点

此款发型的打造手法是韩式盘发的常用手法之一，顶发区的包发可根据新娘脸形的特点来控制其高低。后缀式的盘发主要体现发型的层次与纹理，发片的均等分配是完成此款发型的关键。每股发片在下卡子时要有受力点，以保证发片固定牢固。

DRESSING
唯美与青春同步
选择适合自己的婚纱

唯美与时尚，高雅与纯真，细腻与动感，看似繁复的设计理念却在此款婚纱中完美地融合。在整体设计中，让人惊艳的是婚纱腰部蓬裙的独特设计，这一改传统印象中婚纱的呆板结构，用一朵精致的蕾丝花来点缀。此款婚纱适合身材娇小的新娘，或臀部较大、腿部线条不够好的新娘，它能完美地凸显新娘的唯美感与时尚感。

其他婚纱款式推荐

性感的蕾丝包肩设计迷人而妖娆。高腰紧身的腰部设计使新娘的整体身材显得修长。大拖尾及腰后部的蝴蝶结设计使新娘像公主般高贵。

吊带式的 V 领婚纱总能给人带来性感妩媚的想象，高束腰的设计能够提升新娘的气质，塔裙蓬蓬裙设计，既有性感的元素，又带有俏丽可人的气息。

蕾丝加小碎钻组成挂脖式的衣领，带着性感与时尚的气息，结合束腰的紧身设计，塔裙下摆蓬蓬裙，呈现出复古与现代结合的效果。此款婚纱适合身材较为丰满的新娘。

端庄浪漫白纱发型

此款发型运用了当下流行的韩式编辫手法。时尚个性的圆形编发刘海，搭配后缀式的编发组合盘发，使发型精美而别致。通过顶发区皇冠的点缀，使整体发型能够极好地凸显新娘时尚俏丽的韩式风格。

清新文艺白纱发型

半挂式的编发刘海，充满了时尚的气息。复古的BOBO发型通过绢花头纱的点缀，凸显了新娘优雅端庄的浪漫气质。

HAIRSTYLE
礼服发型：饱满高贵盘发

01 将所有的头发用玉米须夹板烫卷。

02 将头发分为刘海区、右侧区及后发区。

03 将刘海区的头发做内扣拧包，收起并固定在耳上方。

04 将发尾由后向前进行拧转，提拉并固定在头顶处。

05 将后发区的头发向上提拉至头顶并固定。

06 将发尾沿着拧包的边缘进行拧转并向内固定。

07 将右侧的头发向头顶提拉，拧转并固定。

08 将发尾继续向左侧拧转并固定在耳后方。

09 将发尾做手打卷，收起并固定。

发型重点

此款发型以拧包内扣的手法打造而成。玉米烫的处理使发型更加饱满。三个发区将发量集中在头顶处，使造型饱满而圆润。无需头饰的点缀，也能很好地体现出新娘时尚摩登的明星气质。

DRESSING
高贵携手优雅
选择适合自己的礼服

在晚宴中，如何才能凸显与众不同的时尚气质呢？黄色不失为一种好的选择。在此款晚宴服装中，将黄色运用其中，时尚的颜色配以出色的服装结构，怎么不会在晚宴中大放异彩？吊领的设计，可以优化新娘的颈部曲线，腰带的设计起到了"承上启下"的作用，令此款礼服更加动感时尚。而飘逸垂坠的裙身设计，使得新娘曲线优美、气质迷人。此款礼服适合身材较好、追求时尚个性的新娘。

其他礼服款式推荐

上身以褶皱结合蝴蝶结设计，使胸部更加饱满；裙摆以不规则的手法进行层叠设计，让礼服更具层次感。此款礼服适合胸部扁平及身材曲线不够完美的新娘。

性感的抹胸和垂坠质感的裙摆时尚而简约，背后蝴蝶结的点缀又添几分俏丽。此款礼服适合身材比例较好并喜爱时尚简约的风格的新娘。

经典的深V领礼服性感而妩媚，腰带式的腰部设计勾勒出新娘高挑优雅的身姿。此款礼服适合胸部曲线较好但腰部及腿部线条不够完美的新娘。

妩媚时尚礼服发型

此款发型表现的是时尚与端庄的结合，动感而富有纹理的刘海在操作中注意发丝要乱中有序，要有通气感。后缀式的蝎子编发精致而清爽，再搭配带有流苏的蝴蝶头饰，凸显新娘娴静而唯美、时尚而大气的气质。

  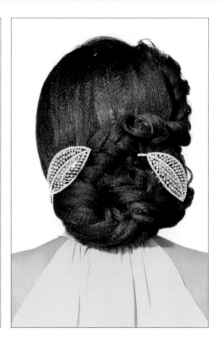

活泼精致礼服发型

此款造型运用编发手法结合烫发打造而成。低发髻的编发发髻带有几分优雅，结合外翻的刘海发卷组合，使发型时尚、动感而妩媚。操作中需掌握刘海外翻的高度与后发髻的衔接，否则，刘海外翻提拉过高会与后发髻脱节，过低则无法提升新娘时尚的气质。

HAIRSTYLE
旗袍发型：优雅古典盘发

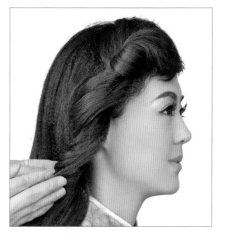

01 将刘海区的头发进行外翻烫卷，并将其他头发用玉米须夹板进行烫卷。

02 将刘海区的头发在眉尾斜上方做拧包，收起并固定。

03 将右侧边缘的头发做拧绳续发处理。

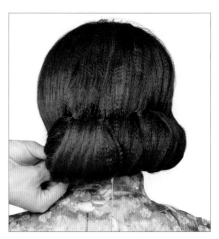

04 取后发区右侧的一束发片，向上拧转并固定。

05 以相同的手法由右向左拧转剩余的发片。

06 将发尾向内收起并固定。

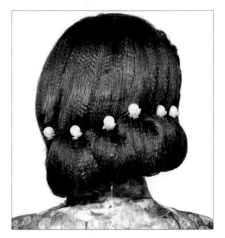

07 取别致的钻饰发卡，佩戴在右侧发髻处。

08 在后发区发辫的边缘点缀珍珠发卡。

09 发型完成。

发型重点

此款发型运用了烫发、玉米烫、拧包、拧绳续发的方法打造而成。外翻的刘海烫发，使刘海的纹理线条更加清晰流畅；玉米烫的处理，使后发区发髻的卷筒更加饱满圆润，两者在塑造发型之前缺一不可。婉约的刘海结合复古的卷筒发髻，再搭配头饰，尽显新娘古典雅致的娇美气质。

DRESSING

古典重逢潮流
选择适合自己的旗袍

随着时代的进步，越来越多的新娘期待能在传统服装的基础上加入现代审美的元素。此款旗袍不仅继承了传统旗袍的形式，更融入了现代艺术的精华，美丽动人的荷花在质感优异的面料上栩栩如生，娇柔迷人，无不凸显新娘温柔婉约的气质。国画元素的图案设计，加之旗袍本身代表的东方美，更加衬托出新娘的高贵气质。此款旗袍适合追求时尚而又兼顾传统的新娘穿着。

其他旗袍款式推荐

琵琶领搭配不规则的三角形镂空的设计，既性感又不过于暴露，将东方女子的含蓄内敛很好地体现了出来。修身提臀的紧身设计则更加彰显了新娘古典优雅的韵味。

此款旗袍传统而端庄，高领的设计修饰了颈部的线条，点缀精致的盘扣，更加精致婉约。短款的长袖设计可改善新娘臂膀较宽或较粗的缺陷。

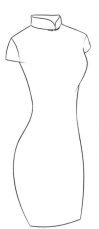

此款旗袍为传统的经典款式。高领口结合收腰紧臀的贴身设计，彰显了新娘的S形身材曲线。

032

风韵雅致旗袍盘发

线条流畅、纹理清晰的动感刘海，偏侧而饱满圆润的发髻，搭配蝴蝶状的头饰，尽显新娘古典高贵的优雅气质。在操作过程中需掌握发区与发区之间的衔接，要使其完美地融为一体，同时发髻边缘的碎发一定要整理干净。

手推波纹旗袍发型

这是一款极具古典气质的手推波纹发型。在操作过程中，两侧的手推波纹发片的尾端要与后发区的发包衔接自然。后发区的发髻要左右对称，顶发区的发包不宜过高。层叠饱满的盘发结合精致复古的手推波纹刘海，并通过精致发卡头饰的点缀烘托，尽显新娘复古妩媚的古典韵味。

BRIDE|03

待到山花烂漫

脸形特征

这是一款典型的粗线条女生。五官量感较大，眉、眼、鼻唇显现出较粗的线条，没有精致细腻之感。额头与脸颊都较为开阔，呈现出大脸的感觉。但新娘肤色较为白皙，五官分布较为匀称，双眼皮较深且双眼有神，双唇圆润饱满且唇形较美，五官的可塑性较强。

新娘定位

逆转新娘给人的第一印象，将粗线条五官转变成浪漫而细腻的女性形象。

妆面重点

清淡而和谐的温婉妆面，没有强势的眼线和浓密的睫毛，却将深邃的双眼打造成为整个妆面的焦点。肉粉色与银白色眼影混搭，使新娘清新浪漫而不失优雅。时下流行的粗眉，在黄绿色花朵的映衬下，更加富有诗意。在颧骨后部斜向上轻轻扫上一层橘色腮红，使得五官更为立体且充满魅力，诠释新娘浑然天成之美。

白纱妆容

增加眼部妆容的色彩饱和度。将金咖啡色与同样高光的银白色眼影搭配，塑造出柔情似水的明眸。粉色唇蜜，打造水润光泽的完美唇形。同款金咖啡色腮红提亮肤色，同时将整个妆容打造出一片浪漫的婚礼主题。

礼服妆容

改变整个妆容的色调，运用经典的黑色，收敛妖冶与艳丽，渲染出一派沉静时尚之美。黑色眼影打造出小烟熏妆的视觉效果，增大眼部轮廓。裸色唇妆与淡橘色腮红，再搭配火热的红色礼服，恰到好处地展现了新娘的时尚感。

旗袍妆容

紫色眼影，一个神秘而充满幻想的色彩，将其晕染在眼睑的四周，加重眼线与睫毛的妆效，将复古浪漫的氛围逐渐蔓延。裸色底妆干净透彻，突出了新娘细腻清爽的肤质。同款色系的淡紫色唇彩，与眼影交相呼应，完美的细节令妆容更加完整。

 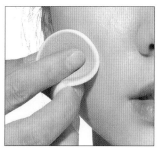  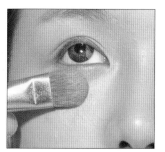

01 将眉下线修整出想要的大致眉形轮廓后，再处理眉上线的部分，否则很容易形成下耷眉。

02 用海绵蘸取介于乳状与膏状之间的粉底，并将面部肌肤进行打底（以滚压的手法进行操作）。

03 选择大号蜜粉刷，蘸取定妆粉，并将底妆进行定妆，这样可使面部妆容维持得更长久。

04 在额头、鼻梁、下巴及下眼睑处用大号眼影刷蘸取浅色提亮粉，进行提亮修容。

05 用圆形刷头的眼影刷蘸取浅棕色亚光眼影，并由鼻根侧方向下描画鼻侧影。

06 将金色珠光眼影平铺整个眼影至眉骨处。在双眼皮以内的位置晕染棕红色眼影。

07 粘贴浓密的假睫毛后，用黑色眼线液将睫毛根部的空隙处进行填充，并描画出精致眼线。为使眼线更清晰，在前眼角处用眼线液勾勒出精致的前眼角。

08 在双眼皮褶皱处粘贴修剪好的美目贴，以使双眼皮的宽度拉大，眼形更为标准。同时将假睫毛的后端向上进行按压，使假睫毛更加卷翘迷人。

09 用眼影刷的刷杆将下眼睑向下拉，并用睫毛膏将下睫毛涂刷出根根分明的美睫。

10 选择棕色眉笔，由眉峰开始描画出精致的高挑眉形。

11 用眉刷将眉形进行晕染过渡，使眉形自然柔和、不生硬。

12 以颧骨最高点为中心，向内外两侧扫出健康靓丽的橘色腮红。

13 将双唇涂抹上橙橘色唇彩，以烘托妆容的整体效果。

HAIRSTYLE
白纱发型：甜美公主盘发

01 将头发进行烫卷后，分出刘海区及左侧区。

02 分出左右顶发区及左右后发区。

03 将左侧后发区的头发对折后拧转并固定。

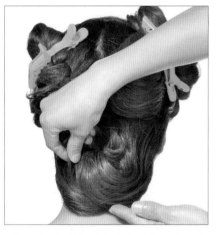

04 将后发区右侧的头发叠加在左侧头发上并固定。

05 将左侧顶发区的头发整理出8字形弧度，并固定在后发区的发髻上。

06 将右侧顶发区的头发向左侧拧转并固定，然后将发尾做手打卷并收起。

07 将左侧区的头发向后提拉并拧转。

08 将刘海区的头发根部进行打毛，并向一侧梳理干净。

09 将梳理干净的头发向后提拉，拧转并固定在后发区。

发型重点

此款发型运用了烫发、拧转及手打卷手法打造而成。造型主要体现圆润的轮廓及细致的纹理。在操作过程中，每股发片要保证干净，不宜有碎发，且发片与发片之间的叠加要有层次感。饱满优雅的发型轮廓搭配顶发区的皇冠，尽显新娘复古高贵的公主气质。

DRESSING
甜美俏丽的化身
选择适合自己的婚纱

有些新娘不太希望自己的婚纱镶上太多花哨的缀饰，反而希望设计简约高雅，让自己看上去不落俗套且带有高贵气质。此款婚纱采用了经典唯美的褶皱设计，并且配以闪耀的亮钻。错落有致的蓬蓬裙令新娘显得更加活泼、俏丽；而加大的裙摆也能让整个婚纱变得华贵、高雅。此款婚纱适合娇小甜美，或者腿部线条不是特别好的新娘选择。

其他婚纱款式推荐

双层鱼尾设计的拖尾极具层次感，束腰紧身的抹胸结合背部捆绑式的设计更便于穿戴。此款婚纱适合追求精致且身材较好的新娘。

蕾丝加小碎钻组成挂脖式的衣领，带着性感与时尚的气息，结合束腰的紧身设计，搭配下摆蓬蓬裙，呈现出复古与现代结合的效果。此款婚纱适合身材较为丰满的新娘。

时尚而复古的一字肩设计加上超大的裙摆，展现了新娘的女神气质。高束腰设计能够勾勒出迷人的腰线，蓬裙的设计则有助于遮挡不完美的身材曲线，使新娘呈得高贵而甜美。

娇美韩范儿白纱发型

此款发型运用了蓬松的拧绳手法打造而成。在操作过程中，拧绳要蓬松自然，不宜过紧或过松。如果太紧，无法形成饱满的轮廓；如果太松，则会使发型过于凌乱。脸颊右侧的一缕发丝是整个发型的点睛之处，使原本过于沉闷的盘发增添了几分动感，同时还起到了修饰脸形的作用。整体发型凸显了新娘唯美浪漫的甜美气质。

田园风白纱发型

此款发型运用了拧绳续发、蝎子编辫手法打造而成。倒三角的发髻轮廓时尚而清爽，再搭配具有田园风格的蝎子编发刘海，并点缀鲜花头纱，使整体发型尽显新娘清新俏丽的迷人气质。

HAIRSTYLE
礼服发型：异域风情卷发

01 将所有的头发用中号电卷棒烫卷。

02 分出刘海区及后发区。

03 将后发区的头发向右侧拧转。

04 下卡子将拧转好的头发固定在耳后方。

05 将刘海区的头发做外翻拧转。

06 将拧转好的头发与后发区的发髻衔接并固定。

07 在偏侧发髻处佩戴上绢花，点缀发型。

发型重点

此款发型的操作手法极为简单，偏侧的卷发发髻很好地体现了女人浪漫妩媚的气质。通过大朵绢花的点缀，整体发型尽显新娘妩媚迷离的时尚气质。此款发型适用于外景拍摄或当日新娘造型的快速变换。

DRESSING
为性感与奔放代言
选择适合自己的礼服

红色礼服经常出现在红地毯上，在晚宴中更是经典的服装。此款礼服简约却不失华丽高雅。红色，充满了活力与妩媚。吊领设计，凸显出新娘颈部的曲线美；镂空朦胧的裙身，令新娘增添了些许端庄与大气。最后，以红色为基底，配以亮钻点缀，使新娘散发奢华幻美的感觉。此款礼服适合追求简约而大气风格的新娘。

其他礼服款式推荐

时尚的吊带与抹胸设计迷人且性感。束腰的修身设计尽显曼妙身姿。长款的裙摆则可使新娘显得高挑。

深V镂空的设计能够曲显丰满的胸部，高腰包臀的设计尽显婀娜曼妙的身姿，搭配小拖尾的裙摆，更加性感优雅。

时尚的单肩吊带设计性感而优雅，高腰包臀的设计能够曲显身材的曲线，使得新娘就如童话里的美人鱼般优雅婀娜。

俏皮活泼礼服发型

交叉拧包的后发髻盘发是韩式造型的常用手法之一。时尚个性的卷筒刘海使原本端庄的发型增添了几分时尚感。此款造型的操作重点是掌握后发区发髻堆砌的层次感，以及刘海卷筒固定的位置，要使卷筒与后发髻自然衔接。

神秘光彩礼服发型

此款发型运用了拧包结合烫发手法打造而成。紧致的拧包，凌乱有序的发尾搭配时尚个性的刘海，尽显新娘时尚摩登的神秘气息。

HAIRSTYLE

旗袍发型：娇柔美感盘发

01 将刘海区的头发向后做外翻拧转并固定。

02 将右侧区的头发向上提拉，拧转并固定。

03 将左侧区的头发向枕骨处提拉并拧转。

04 将后发区左侧的头发向顶发区提拉，拧转并固定。

05 将发尾做手打卷，收起并固定。

06 将剩余的发片向上提拉，拧转并固定。

07 将发尾做拧包，收起并固定。

08 在发髻的空隙处佩戴珍珠头饰，点缀发型。

09 发型完成。

发型重点

光洁饱满的盘发端庄而显气质。在操作过程中需使发区之间自然衔接。后发区的发片提拉的角度要大于90°，以拧包的手法操作完成，发尾手打卷的纹理要清晰，搭配珍珠头饰来衬托发卷的纹理与层次。

DRESSING

雅致的江南小调
选择适合自己的旗袍

在旗袍的世界里，蕾丝经常出现，它以精致细腻的纹理和朦胧的视觉感受征服了无数新娘。这款经典蕾丝旗袍以柔和的颜色衬托出新娘甜美、温柔的气质。全身上下大面积使用蕾丝，让新娘变得更加朦胧，同时更多了几分精致。新娘看上去清丽可人之余，也凸显了新娘纤巧的腰部曲线，令其在婚礼当日展现最动人的线条。此款旗袍适合喜欢细腻、精致风格的新娘选择。

其他旗袍款式推荐

此款旗袍为传统的经典款式。高领口结合收腰紧臀的贴身设计，展现了新娘的S形身材曲线。

此款旗袍传统而端庄，高领的设计修饰了颈部的线条，且缀精致的盘扣，更加精致婉约。短款的衣袖设计可改善新娘臂腰较宽或较粗的缺陷。

琵琶领搭配水滴洞的设计带有性感的韵味。高腰及贴身设计勾勒出新娘优美的身材曲线。小鱼尾的裙摆则增添了几分时尚与优雅。

自然随性旗袍发型

不对称式的盘发造型能很好地起到调整脸形的作用，同时使新娘更具时尚感。发型的重点在于强调整体发型的线条感及轮廓感。偏侧的刘海纹理清晰、线条流畅，再搭配后发区饱满的偏侧低发髻盘发，尽显新娘时尚婉约的气质。

娟娟静美旗袍发型

此款发型运用了卷筒拧包及手摆波纹打造而成。偏侧的卷筒发髻在操作中要做到光洁圆润，手摆波纹要纹理清晰、层次鲜明。搭配个性的手爪样式的头饰，整个发型尽显新娘复古、娴静的气质。

BRIDE | 04

灵动深邃双眸

脸形特征

这位新娘是比较标准的鹅蛋脸形，只是下额较短，面颊缺少立体感。外轮廓略宽，腮部线条不够流畅，尤其是眼形较圆，阴影较重，平淡且不够精致。但新娘脸形结构分部较好，额头舒展，直观感觉其温柔大方，具备时尚女孩的特质，可塑造空间较大，属于青春亮丽的形象。

新娘定位

针对以上的状况，将新娘打造成明亮轻柔的女性魅力结合青春的无限气息最为合适。

妆面重点

依据新娘的肤色，选用裸色底妆。运用时下流行的粗眉，将潮流感与气质相结合。操作中，突出眼部区域，增加下睫毛长度与厚度，黑色眼线与睫毛膏的流畅运用尽显极致。淡淡的嫩绿色眼影似神来之笔，增加眼部的神韵与光彩，也因此成就了深邃灵动的双眸。在唇妆方面，运用自然的裸妆色系，与底妆效果相得益彰，以此提升新娘青春的魅力指数。

白纱妆容

裸色系底妆，透明清丽。淡淡的粗眉与深邃的眼妆，凸显靓丽的眼部。极为流畅的黑色眼线，轻扫上嫩绿色眼影，宛如花仙子般纯净。上下睫毛同时加重点缀，是此款妆容的一大特点。

礼服妆容

依然是淡扫粗眉，却英气逼人。延续裸色风潮，底妆与唇妆交相辉映。此刻的紫色，与若隐若现的下眼线搭配，勾勒出女人的魅力与爆发力。T字区的高光打造，突出脸部轮廓，并打造出更加立体的五官。

旗袍妆容

纯粹的黑色与纯正的红色，仿佛置身于20世纪30年代的上海滩。复古的发型与精致的妆容，使我们畅想在无限的七彩斑斓中。黑色的小烟熏妆，突出眼部的迷离与深邃。饱满而圆润的唇，将红色演绎出时代的摩登质感。

01 新娘皮肤的状态不错，在选择底妆产品时，可选择液状粉底，以最大限度地保留皮肤自身的质感，只需使面部肤色均匀即可。

02 利用粉底的明暗对比来勾勒面部的立体感。选择比肤色深一号的粉底在鼻翼两侧、眼窝、下颚骨及下唇沟处进行涂抹。

03 选择比肤色浅一号的粉底，在鼻梁、额头、下眼睑、下巴处进行提亮。利用深后退、浅前进的原理将面部进行结构塑造，使面部轮廓更加立体。

04 用粉扑蘸取定妆粉进行局部定妆，以保留皮肤通透自然的效果。

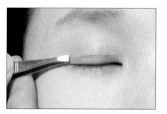

05 在双眼皮褶皱处粘贴修剪好的美目贴。利用美目贴来营造欧式凹陷的立体眼窝效果。

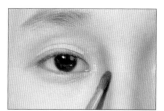

06 用棕色眉粉再次对鼻侧影进行修饰，使鼻梁更加挺拔立体。

07 选择草绿色珠光眼影，将上眼睑进行平铺晕染，并将睫毛根部的眼影加重一些。

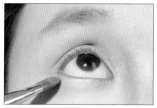

08 将下眼睑同时平铺晕染上草绿色珠光眼影。在眼尾处要使上下眼影自然衔接。

09 将后眼尾轻轻向上提拉，并贴近睫毛根部描画出精致上扬的流畅眼线。

上睫毛

下睫毛

10 将上睫毛夹翘后，粘贴上假睫毛，使真假睫毛完美地融为一体。将假下睫毛修剪成一束束的效果后，从后眼尾开始，由长到短依次粘贴。

11 选择棕色眉粉，并用眉刷扫出当下流行的一字眉形。

12 在苹果肌处以打圈的手法轻扫出粉嫩色的腮红。

13 首先将双唇用芭比粉唇膏进行由内向外涂抹，唇的边缘线不要过于硬朗明显，大致勾勒出唇形即可。再取透明唇彩覆盖唇膏进行涂抹即可。这样不仅使唇色鲜明，同时能更好地使双唇显得滋润而饱满。

HAIRSTYLE
白纱发型：浪漫大波浪发

01 取中号电卷棒，将所有头发进行烫卷。

02 将左侧区头发的根部做打毛处理。

03 将打毛的头发表面梳理干净，并向后做拧包，收起。

04 将顶发区头发的根部做打毛处理。

05 将打毛的头发表面向右侧梳理干净，整理出流畅的线条及美观的轮廓。

06 取满天星，佩戴并固定在左侧区。

发型重点

用浪漫卷发演绎新娘的柔美端庄，这不仅让新娘的脸部轮廓更加立体精致，还可以巧妙地掩饰新娘的脸形缺憾。经过精心打理的柔美卷发，充满健康光泽，再搭配清新素雅的满天星，使新娘展现出令人惊艳的公主形象。

DRESSING
浪漫与高贵的碰撞
选择适合自己的婚纱

能着一身浪漫的白色婚纱在亲友们的祝福下，和心中的他共同走进婚姻的殿堂，是每一个女孩子心中最浪漫的梦想。抹胸和紧致腰身的设计体现出新娘曼妙的身材，所以这款婚纱比较适合胸部线条良好的新娘。长长的抓褶裙摆让人联想到法国洛可可风格的贵族着装，衬托出新娘高贵的气质，整体婚纱体现着浪漫的气息。这款高雅而华丽的婚纱适合在正式的婚礼仪式上穿着，能提升新娘的高贵气质。

其他婚纱款式推荐

性感的蕾丝包肩设计迷人而妖娆。高腰紧身的腰部设计使新娘的整体身材显得修长。大拖尾及腰后部的蝴蝶结设计使新娘像公主般高贵。

优雅清新的蝴蝶结作为腰部的花边装饰，成为全场的亮点；下摆的鱼尾设计大气而华丽。整体服装使新娘呈现出奢华、高贵的王妃气质。

复古的包肩设计典雅妩媚，更能起到修饰肩部线条的作用。修身鱼尾的设计尽显新娘优雅曼妙的身材曲线。

梦幻新娘白纱发型

新娘选择这样的发型，给人自然的清新美感，毫无矫揉造作之态。高耸的顶发区包发，搭配不规则的自然卷发，再结合满天星的点缀，使看似凌乱的发丝更有丰盈质感，还增加了秀发的发量，轻灵微卷的发梢让整个发型更加活泼并充满动感，充分展现出女性温婉娟秀的特质。

素洁清丽白纱发型

BOBO 头的发髻卷发发型俏丽而甜美，在漫不经心之中流露着精心设计的巧思，营造出与以往不同的高贵与优雅风情。这款发型线条简单，却很有质感，凌乱有序的发丝线条和 BOBO 发髻都使其显得与众不同。律动感十足的刘海，搭配皇冠状的鲜花，能让脸形及五官更加立体靓丽，为新娘增添了迷人的公主般优雅气质。

HAIRSTYLE
礼服发型：热情层次盘

01 将头发分为刘海区及后发区。

02 将后发区的头发做三股编辫。

03 将发辫向上提拉并固定。

04 将刘海区的头发用中号电卷棒进行烫卷。

05 用手指将发卷进行打毛。

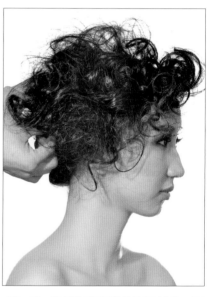

06 将刘海整理出轮廓及线条，下卡子进行固定。

发型重点

此款发型运用了烫发、三股编辫及打毛手法打造而成。光洁的编发使得后发区清爽干净，刘海凌乱有序的发卷线条动感而富有纹理，结合偏侧的绢花，使得发型更加饱满协调，凸显了新娘时尚大气的明星气质。

DRESSING
充满张力的美
选择适合自己的礼服

虽然现在人们的思想观念比较开放，但还是有很多地方的老人不赞同自己的孩子在结婚的时候穿白色婚纱，婚礼也是要考虑风俗习惯的。这时候，红色的婚纱或者礼服就是最好的选择。此款婚纱同样是抹胸和收腰，却呈现出完全不同的效果，很好地展现了新娘娇艳的美。稍显蓬松的百褶裙摆让新娘的腰身在视觉上更显得纤细，也让新娘呈现出一丝可爱、俏皮。珠光钻饰的运用让整个婚纱更加亮眼，此款婚纱从各个细节昭示着新娘的美艳动人。

其他礼服款式推荐

上身以褶皱结合蝴蝶结设计，使胸部更加饱满；裙摆以不规则的手法进行层叠设计，让礼服更具层次感。此款礼服适合胸部扁平及身材曲线不够完美的新娘。

性感的抹胸和垂坠质感的裙摆时尚而简约，背后蝴蝶结的点缀又添几分俏丽。此款礼服适合身材比例较好并喜爱时尚简约风格的新娘。

高腰的抹胸设计点缀以堆砌的褶皱饰品，使得胸部更加饱满。此款礼服适合身材偏瘦的新娘。

碎花浪漫礼服盘发

随意垂下的卷发发丝温柔妩媚，偏侧的卷发发髻结合动感的刘海线条让新娘看起来风情万种。那飘逸柔媚的发丝，处处流露着精心设计的巧思，发丝之间的小碎花点缀，使得发型更具层次感，增添了新娘迷人优雅的气质，同时还起到了修饰脸形的作用。

优雅绽放礼服发型

此款发型轮廓清晰，发卷精致，微微外翻的刘海线条使得整个发型更加动感时尚。后发髻精美复古的手打卷造型在别致的珍珠头饰的点缀下，层次鲜明，凸显了新娘优雅古典的气质。

HAIRSTYLE
旗袍发型：不规则侧盘发

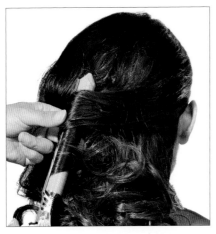

01 对所有的头发进行烫卷处理。

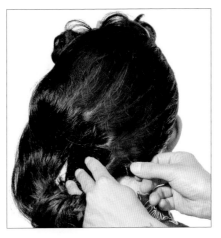

02 将所有头发向左侧梳理，并下卡子将其固定。

03 将后发区的头发分出两股发片。将第一束发片做偏侧卷筒，收起并固定。

04 将另一束发片调整出合适的弧度，衔接并固定在偏侧卷筒边缘。

05 将刘海区头发的根部做打毛处理。

06 将打毛的头发表面梳理干净，向左侧拧转并固定。

07 将发尾向后做手打卷，收起并与偏侧发髻衔接后固定。

08 佩戴叶片状头饰，点缀发型。

09 发型完成。

发型重点

偏侧富有层次的盘发，最能表现古典含蓄的中式旗袍新娘发型。精致的卷筒发髻，结合内扣圆润的刘海轮廓，再搭配个性时尚的叶片头饰，尽显新娘高贵典雅的时尚气质。

DRESSING
温柔如水的女性魅力
选择适合自己的旗袍

如果在婚礼仪式上会选择雍容华贵的婚纱，那么在宴席阶段可能会换成高贵典雅的敬酒服。遇到晚宴环节，新娘还要准备一套晚宴的宴会服装，而旗袍式的礼服就是个不错的选择。此款礼服的设计源于民国时期的旗袍，它将东方女性的妖娆曼妙展现得淋漓尽致。在胸部以上加入具有现代感的透视效果，让整个礼服具有了时尚气息，形成古典和现代的结合。同样带有古典韵味的精致刺绣更加彰显了新娘的高贵气质。

其他旗袍款式推荐

此款旗袍为传统的廷典款式。高领口结合收腰紧臀的贴身设计，凸显了新娘的S形身材曲线。

琵琶领搭配不规则的三角形镂空的设计，既性感又不过于暴露，将东方女子的含蓄内敛很好地体现了出来。修身提臀的紧身设计则更加凸显了新娘古典优雅的韵味。

琵琶领搭配水滴洞的设计带有性感的韵味。高腰身贴身设计勾勒出新娘优美的身材曲线。小鱼尾的裙摆则增添了几分时尚与优雅。

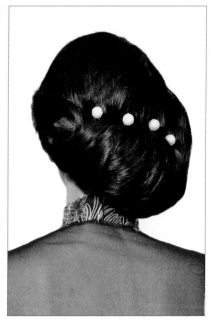

温润如水旗袍发型

此款发型运用了手摆波纹及翻转拧包手法打造而成。层叠有序的手摆波纹最能体现女人妩媚妖娆的气息，再结合偏侧的卷筒发髻，凸显了新娘古典大方的韵味。

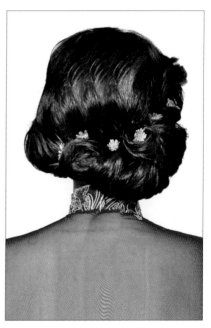

娇媚年华旗袍发型

此款发型在操作时需要先用大号电卷棒将头发进行烫卷，使其有丰富的波浪纹理来打造出复古的刘海纹理。外翻的刘海带有时尚动感的气息，波纹状的偏侧发片复古韵味十足，同时又极好地修饰了脸形。

BRIDE | 05

率性东方美人

脸形特征

新娘的脸形较长，属于东方人的正常面孔，其立体感不强。额头相对宽阔，五官较为舒展。鼻部线条不够完美，鼻头较大，呈现不出精致之感。而且新娘肤色较暗，肤质较差，稍有痘印可见。但新娘的双眼较大，可塑性较强，总体呈现出东方女性的温柔典雅。

新娘定位

结合新娘自身的五官特点，在细节之处着重修饰，将其塑造成兼具时尚与古典并存的女性，而且青春中透露出极具特色的东方娇丽。

妆面重点

这位新娘的肤色较暗，首先需要提亮肤色。在裸妆底妆依然大行其道的今天，我们运用并不复杂的手法，稍加点缀眼线，突出睫毛的拉长效果。在眉骨处与T字区，运用高光粉加深面部轮廓，增加鼻部线条，有缩小鼻头的效果。在腮红方面，选择较为女性的粉色系，从后颧骨轻轻打下阴影，呈现出精致柔美而时尚大气的东方面孔。

白纱妆容

搭配白纱，我们选择清透而较为简洁的妆面。加长的上睫毛与加密的下睫毛，凸显新娘俏皮而活泼。裸色亚光的底妆，搭配淡淡的粉色唇妆，宛若出水芙蓉般明净而纯洁。这是一个让人心动的季节，在这里，我们快乐地舞动着。

礼服妆容

绚丽的灯光下，一双灵动的眼睛刻骨铭心。此款妆容，我们着重修饰眼部。将睫毛加长加密，让下眼线衬托出时尚的味道。依然淡淡的黑色眼妆，却朦胧细腻，再搭配金棕色眼影粉，与礼服搭配恰到好处。

旗袍妆容

东方美人的神韵，在此刻的举手投足间，透出一股灵气。这是一款复古的妆面造型，加长的内眼角眼线，打造出经典的丹凤眼。金色与暖色调的橘黄色眼影渐变过渡，点亮整个妆面。鼻翼两侧用深色腮红打上阴影，突出新娘更加深刻的五官。

01 选择一款乳状粉底，用粉扑将整个面部均匀地打上粉底，鼻翼两侧可用指腹打底。然后用粉扑将面部进行局部定妆，使底妆更加通透、无戴面具感。

02 选择棕色亚光眉粉，在鼻根两侧进行鼻侧影修饰，使鼻梁更加挺拔立体。

03 蘸取棕色眼影，并贴近睫毛根部向上进行晕染至双眼皮以内。

04 将睫毛卷翘后，涂刷上浓密型睫毛膏。

05 将一只假睫毛修剪成三段状，将假睫毛最长的一段粘贴在黑眼球中部，中长的一段粘贴在后眼尾处，剩余一段则粘贴在前眼角处（此手法粘贴的假睫毛会更加自然，而且不易开胶）。

06 将下眼睑处晕染上棕色眼影，与上眼睑的眼影自然衔接，并涂刷下睫毛。

07 将眉形以逐根描画的手法填补眉形空缺的部位，勾画出立体自然的眉形。

08 蘸取粉色腮红，由下颚骨上方太阳穴下方起笔，由外向内扫出腮红（此手法不仅能修饰脸形，更能提升气质，改善气色）。

09 新娘下颚骨偏宽，为达到V形脸的效果，用侧影刷蘸取比肤色暗一色系的修容饼，修饰轮廓。

10 新娘唇形非常完美，只需根据原本的唇形涂抹上嫩粉色的唇彩即可。

HAIRSTYLE
白纱发型：维纳斯式盘发

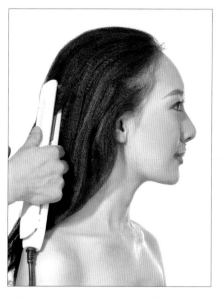

01 取玉米须夹板，并将所有头发进行烫卷，使头发蓬松，易于造型。

02 首先分出顶发区的头发。取珠链状头饰，缠绕顶发区并固定。

03 放下顶发区的头发。取左侧一束发片，向枕骨处提拉，拧转并固定。

04 取右侧一束发片，以相同的手法操作。

05 继续以相同的手法操作左右发片。

06 发尾做卷筒状，收起并固定。

发型重点

一款极具韩式特点的后缀式盘发发型，其操作中需注意顶发区缠绕的珠链状头饰，分区线左右要对称，后发区交叉拧转时，卡子要与发片成直角固定。纹理与层次鲜明的盘发，搭配前额波西米亚风格的头饰，尽显新娘精致典雅的女神气质。

DRESSING
智慧与美貌的化身
选择适合自己的婚纱

在当今婚纱设计中，过于繁复的设计并不流行，取而代之的是简约却不简单的设计。如本款婚纱，创新地运用两个高低不同层次的蓬裙结构，有机地营造出新娘俏丽、清新的形象。恰到好处地运用鲜花样式点缀，更能烘托出新娘柔美幸福的气氛。本款婚纱适合喜欢甜美温柔的新娘，或腿部线条不是特别好的新娘选择。

其他婚纱款式推荐

吊带式的V领婚纱总能给人带来性感妩媚的想象，高束腰的设计能够提升新娘的气质，搭配蓬蓬裙设计，既有性感的元素，又带有俏丽可人的气息。

当丝加小碎钻组成挂脖式的长领，带着性感与时尚的气息，结合束腰的紧身设计，搭配下摆蓬蓬裙，呈现出复古与现代结合的效果。此款婚纱适合身材较为丰满的新娘。

时尚而复古的一字肩设计加上超大的裙摆，展现了新娘的女神气质。高束腰设计能够勾勒出迷人的腰线，蓬裙的设计则有助于遮挡不完美的身材曲线，使新娘呈得高贵而甜美。

 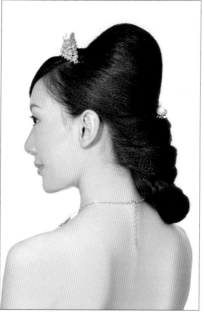 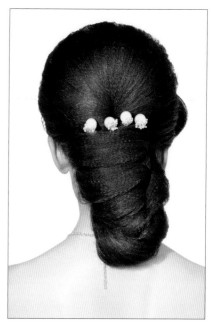

华贵宫廷白纱发型

高贵饱满的发包总能很好地凸显新娘的优雅气质，后缀式的韩式拧包纹理清晰，层次鲜明。发型重点是掌握顶发区发包的饱满圆润，打毛时需将头发根部打毛到位，否则无法塑造高耸饱满的轮廓效果。

青春靓丽白纱发型

此款发型运用了当下流行的韩式编辫手法打造而成，其重点需掌握刘海发辫在编发过程中要呈现蓬松状态，每股续发的发片要向外进行提拉。偏侧的低发髻、柔美的发辫刘海搭配上素雅的绢花，尽显新娘娟秀、娴静的气质。

HAIRSTYLE
礼服发型：迷情蓬松盘发

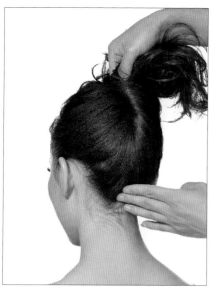

01 将头发分为刘海区及后发区。将后发区的头发做拧包，收起并固定。

02 取刘海区的头发做打毛处理。

03 将刘海整理出圆形弧度并下卡子固定。

04 将后发区的发尾向前提拉并打毛。

05 将打毛的头发向上整理，与刘海区的发髻衔接并固定。

06 在偏侧处佩戴头花，点缀发型。

发型重点

时尚简洁的拧包盘发发型最能凸显新娘的气质。紧致光洁是拧包盘发的重点，顶发区莫西干式的蓬松饱满包发，轮廓饱满、线条清晰，使得整体发型更加具有时尚感。点缀偏侧绢花，发型尽显新娘时尚清新的明星范儿。

DRESSING
香槟迷情的诱惑
选择适合自己的礼服

鲜花是人类热爱的美好事物，因此，花朵装饰比以往更多地出现在礼服设计中。甜美的吊带设计，让新娘美丽光滑的香肩和颈部曲线得到展现，碎花的设计更是凸显新娘温柔可爱的风情。良好垂坠质感的裙身，尽显新娘优雅、大气的魅力。此款礼服适合追求经典大气，却不失甜美的新娘选择。

其他礼服款式推荐

性感的抹胸和垂坠质感的裙摆时尚而简约，背后蝴蝶结的点缀又添几分俏丽。此款礼服适合身材比例较好并喜爱时尚简约的风格的新娘。

时尚的吊带与抹胸设计迷人且性感。束腰的恰字设计尽显曼妙身姿。长款的裙摆则可使新娘显得高挑。

深V镂空的设计能够西呈丰满的胸部，高腰包臀的设计尽显婀娜曼妙的身姿，搭配小拖尾的裙摆，更加性感优雅。

070

萝莉范儿礼服发型

蓬松自然的手打卷盘发简约而大方。在操作过程中，以自然蓬松为主，每个发卷提拉拧转不宜过紧。左侧垂下的发丝为整体发型增添了几分柔美气息，再搭配上与服饰同色系的头饰，使整体发型更为协调一致。

焕彩柔情礼服发型

浪漫的卷发是体现女人浪漫柔美的最佳选择。利用拧包的手法使发型呈现饱满而圆润的轮廓，再搭配上素雅的绢花，尽显新娘妩媚浪漫的气质。

旗袍发型：雍容华贵盘发

01 将头发分为刘海区及后发区。

02 将刘海区的头发做高耸的外翻拧包，收起并固定。

03 将后发区的头发扎成低马尾。然后将发尾做卷筒状，收起并固定。

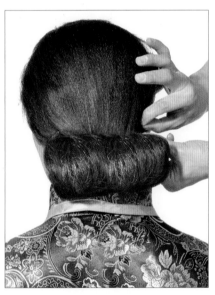
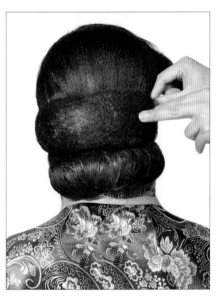

04 将卷筒横向拉开，依次下卡子将其固定。

05 取与卷筒长度相等的假发包，堆砌并固定在卷筒上方。

06 取别致的头花珠钗，点缀发型。

发型重点

此款发型运用了拧包、扎马尾、卷筒及真假发结合手法打造而成。简单的操作手法易于上手，重点需掌握后发髻的卷筒，在操作过程中要求卷筒圆润、干净，边缘没有碎发。层叠有序的盘发搭配偏侧外翻的刘海，再点缀复古的珠钗，尽显新娘端庄秀美的古典气质。

DRESSING
华丽冥想曲
选择适合自己的旗袍

传统的旗袍设计离不开博大精深的中华文化，正因为如此，民族风的旗袍在婚礼上更显得独特、别致。此款旗袍采用了刺绣工艺，无比精致。配以喜庆的红色和黄色，无不凸显出传统旗袍的魅力。在西方国家的时尚潮流中，传统的中式旗袍更加具有个性。此款旗袍适合喜欢传统中式婚礼的新娘，或在中国传统文化浓郁的地区的新娘选择。

其他旗袍款式推荐

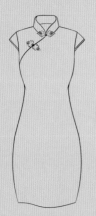

此款旗袍传统而端庄，高领的设计修饰了颈部的线条，点缀精致的盘扣，更加精致婉约。短款的长袖设计可改善新娘臂膀较宽或较粗的缺陷。

包肩的设计含蓄淳朴，高腰直筒式的裙摆将新娘的身材修饰得更加高挑。琵琶领搭配水滴洞的设计则更呈了新娘性感的气息。

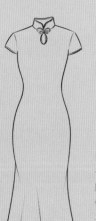

琵琶领搭配水滴洞的设计带有性感的韵味。高腰及踝身设计勾勒出新娘优美的身材曲线。小鱼尾的裙摆则增添了几分时尚与优雅。

华丽复古旗袍发型

高耸的顶发区包发，提升气质，干净饱满的后发髻拧包端庄秀丽，再搭配上左右对称修饰脸形的刘海设计，使整体发型烘托出了新娘古典妩媚的迷人气质。

花团锦簇旗袍发型

此款发型主要通过真假发结合的手法打造而成。重点需掌握发包之间的衔接及整体轮廓的塑造。

光洁饱满的后发髻，通过偏侧精致的发花来衬托发型的饱满。前额佩戴的秀禾刘海是此款发型的点睛之处，它充分地体现了新娘的小巧精致、秀美娴静、小家碧玉的韵味。

BRIDE |06
别样眼妆之美

脸形特征

这位新娘长相较为甜美，但不够精致。鼻梁较高是她的一大特点，但颧骨两侧距离较宽，凸显不出腮部的流畅线条，容易形成圆脸的视觉效果。稍微内双的眼皮，使得眼睛不够深邃，平淡没有神采。但新娘的五官比例较好，可塑性强。

新娘定位

根据新娘给人的印象及五官特点，将她打造成青春活泼的甜美系新娘，凸显清丽大方。

妆面重点

整个妆面干净柔和，将新娘五官比例的量感体现得恰到好处。眼睛内双的女生，稍微增加眼线的厚重感，小面积选用高明度与低纯度的橘色珠光眼影，以突出新娘的清新。淡化的腮红与唇妆处理，使得整个妆面简洁而时尚。

白纱妆容

阳光系甜美女生的白纱造型，以清新的妆面摄人眼球。在颧骨后方晕染上暖色系腮红阴影，瞬间修饰新娘脸形。粗眉的打造，在看似平静如水的妆面上，注入一丝活泼与可爱，再搭配简单的束发，这是怎样的美丽邂逅？

礼服妆容

搭配礼服的妆面，在裸妆的基础上，加深眼部效果。加长下眼线与眼尾部的连接，扩大整个眼部轮廓，晕染肉粉色与橘黄色的眼影，突出整个妆面氛围，让我们感受到一场绚丽的盛宴。

旗袍妆容

浓厚的中国元素，却依然保持甜美胭脂的质感。在眼妆上，增加玫红色珠光眼影，从内眼角到眼尾由浅至深地晕染，搭配朦胧的黑色，有小烟熏妆的亮眼效果。

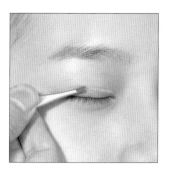

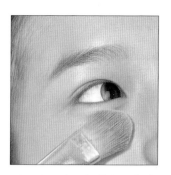

01 观察新娘的眼形，属于内眼角闭合型，修剪出一个适合眼形的美目贴，并粘贴在前眼角的双眼皮褶皱线处。

02 新娘的皮肤细腻光滑，只需用液状粉底修饰肤色即可，用指腹进行推压的手法操作。

03 对面部进行局部定妆，尤其是下眼睑的底妆，一定要定实，否则眼妆容易晕染。

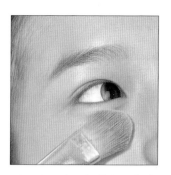

04 将自身睫毛夹翘后，直接粘贴假睫毛。

05 蘸取棕红色珠光眼睛，在后眼尾部分加强晕染过渡。此方法可以起到拉长眼形的作用。

06 将下眼睑的后眼尾处晕染棕红色眼影，由外向内过渡至黑眼球外侧处即可。

07 用黑色眼线液笔贴近睫毛根部描画眼线，并填充睫毛根部的空隙处，注意以点的方式进行填充。

08 在眉骨处用白色珠光眼影进行提亮，使眼部轮廓更加立体。

09 用眉刷蘸取棕色眉粉，先描画出精致的眉形轮廓，然后以填补的手法勾勒出立体自然的眉形。

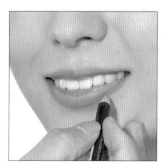

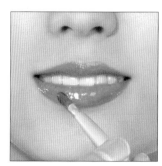

10 在苹果肌处斜向扫出橘色腮红。

11 用肉色唇线笔勾勒并描画出唇线，使上下唇形饱满而圆润。

12 用橘粉色唇彩涂抹双唇，并将唇线覆盖。

HAIRSTYLE
白纱发型：清纯感大波浪发

01 将头发用中号电卷棒进行烫卷。将顶发区头发的根部做打毛处理，使其蓬松饱满。

02 将头发向后梳理干净，取右侧头发向后做拧绳，提拉后收起并固定。

03 取左侧一束发片，向后拧绳并固定。

04 继续取右侧一束发片，向后提拉，拧绳并固定。

05 用相同的手法从右侧分出4股发片，向后做拧绳并固定。

06 在后发区及前额处佩戴蕾丝花边发饰，点缀发型。

发型重点

此款发型运用了烫发及拧绳手法打造而成。重点在于右侧拧绳要紧致有层次，左侧拧绳要蓬松自然，卷发要以内扣外翻手法进行交错烫卷，富有层次的光洁拧绳清爽别致，披着卷发浪漫而柔美，再搭配蕾丝花边发饰，凸显新娘唯美清新、甜美浪漫的女神气质。

DRESSING

清澈见底的甜美
选择适合自己的婚纱

质感，是婚纱中不得不强调的元素。质感优越的婚纱，必定能闪耀夺目。此款婚纱中，抹胸的设计配以精致的褶皱，使得新娘美丽的颈部曲线完美展现。美丽的蕾丝花纹更能够凸显新娘优雅迷人的风情。垂坠简约的裙身不仅动感雅致，而且能很好地修饰新娘的身材，使其飘逸动人。此婚纱适合喜欢简约雅致风格的新娘。

其他婚纱款式推荐

层叠的不规则式婚纱设计时尚个性。收腰包臀的紧身设计能呈现S形曲线。双肩处的蕾丝设计则可改善臂膀粗壮的缺点。

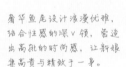

奢华鱼尾设计浪漫优雅，结合性感的深V领，营造出高挑的时尚感，让新娘集高贵与精致于一身。

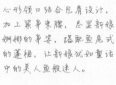

心形领口结合包肩设计，加上紧身束腰，尽显新娘娜娜的身姿，搭配鱼尾式的蓬裙，让新娘就如童话中的美人鱼般迷人。

  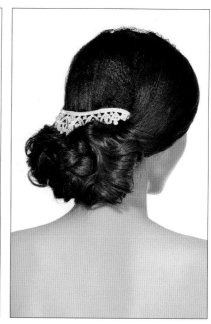

清丽公主白纱发型

一款低发髻盘发发型，要使其左右的对称及轮廓的圆润饱满。头发根部玉米烫的处理，使发型轮廓饱满，再搭配上吊坠饰品的点缀，凸显新娘典雅高贵的波西米亚风格。

  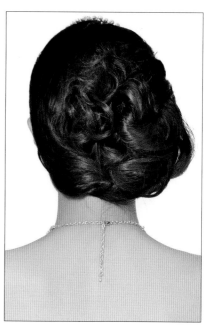

时尚大气白纱发型

此款发型利用了扎马尾及拧绳手法打造而成。发髻的走向取决于扎马尾的高度与方向，如果发髻要呈现饱满轮廓，那么在拧包时，拧绳不宜拧得过紧，要松散自然一些。偏侧优雅的发髻搭配精致的皇冠，尽显新娘端庄雅致的迷人气质。

HAIRSTYLE

礼服发型：可爱发带盘发

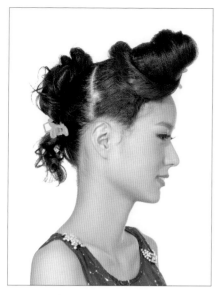

01 将头发分为刘海区及后发区。

02 将刘海区的头发向前扎成马尾。

03 将发尾进行拧转，盘起并固定在前额处。

04 将后发区的头发扎成高马尾。

05 将发尾向外进行拧包，收起并固定。

06 在刘海区及后发区的分区线处佩戴蝴蝶结头饰，点缀发型。

发型重点

此款发型在操作中需掌握发型的前后对称，刘海区的包发向右侧偏移，后发区的发包则向左侧偏移，搭配上蝴蝶结头饰，使得整体发型凸显饱满、圆润的轮廓。整体发型风格尽显新娘时尚甜美的气质。

DRESSING
清纯与辉煌的时刻
选择适合自己的礼服

夜空的深蓝色，给我们留下无尽的想象。蓝色，有一种无尽的吸引力，迷离而梦幻。此款蓝色礼服，搭配上宇宙星空为主题的点缀，尽情地展现其独有的时尚魅力。飘逸的裙摆，更增添了浪漫的元素，此款礼服适合喜欢浪漫时尚的新娘选择。

其他礼服款式推荐

性感的抹胸和垂坠质感的裙摆时尚而简约，背后蝴蝶结的点缀又添几分俏丽。此款礼服适合身材比例较好并喜爱时尚简约风格的新娘。

深V镂空的设计能够凸显丰满的胸部，高腰包臀的设计尽显婀娜曼妙的身姿，搭配小拖尾的裙摆，更加性感优雅。

时尚的单肩吊带设计性感而优雅，高腰包臀的设计能够凸显身材的曲线，使得新娘犹如童话里的美人鱼般优雅婀娜。

浪漫风情礼服发型

此款发型运用了玉米烫、烫发、三股单边续发编辫及拧转手法打造而成。重点需掌握右侧刘海发片的层次及摆放的轮廓。偏侧的浪漫卷发搭配绢花，凸显了新娘自然、清新的随意风格。此发型适用于外景拍摄。

华丽情调礼服发型

此款发型利用扎马尾、真假发结合、拧绳、打毛及拧转手法打造而成。发型的重点是在操作后发区时，真假发结合要自然衔接，不可将假发暴露在外，同时刘海的轮廓弧度要呈现高耸饱满的状态。端庄的盘发结合皇冠头饰，凸显新娘典雅端庄的气质。

HAIRSTYLE

旗袍发型：华韵光年盘发

$\bigcirc 1$ 将左侧头发分出数股发片，依次进行拧转并固定至耳下方。

$\bigcirc 2$ 将另一侧做同样的操作。

$\bigcirc 3$ 将剩余的头发进行烫卷，并沿着发卷走向分出数股发片做拧绳处理。

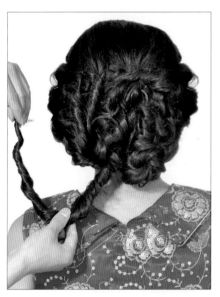

$\bigcirc 4$ 将拧绳向上提拉，拧转并固定。

$\bigcirc 5$ 拧绳摆放要有层次，呈半圆状轮廓。

$\bigcirc 6$ 在拧绳之间点缀珍珠发卡。

发型重点

此款发型重点在于整体发型轮廓的对称性，以及左右鲜明的层次感。操作时左右发片分配要均匀，可涂抹少量发蜡在发片之上，使发片更干净；后发区的拧绳不可拧得过紧，否则无法营造蓬松自然的效果。精致的拧绳盘发搭配珍珠头饰，尽显新娘端庄大气的名媛气质。

DRESSING
无关年龄的风华绝代
选择适合自己的旗袍

华美的旗袍，不知不觉地就能让新娘产生强大的
气场。此款红色旗袍，不仅喜庆，亦精致典雅，
华丽的刺绣从上往下铺展开来和喜庆的红色融合，
突出新娘美丽端庄且大方的形象。此款旗袍适合
喜欢端庄大方、典雅的新娘。

其他旗袍款式推荐

琵琶领搭配不规则的三角形镂
空的设计，既性感又不过于暴
露，将东方女子的含蓄内敛很
好地体现了出来。修身提臀的
紧身设计则更加西呈了新娘古
典优雅的韵味。

包肩的设计含蓄淳朴，高腰直
筒式的裙摆将新娘的身材修饰
得更加高挑。琵琶领搭配水滴
洞的设计则西呈了新娘性感的
气息。

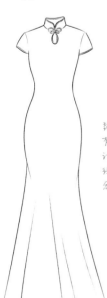

琵琶领搭配水滴洞的设计带
有性感的韵味。高腰及贴身设
计勾勒出新娘优美的身材曲
线。小鱼尾的裙摆则增添了几
分时尚与优雅。

魅力情缘旗袍发型

此款发型运用了拧绳、拧包及手打卷手法打造而成。错落有序的拧包，通过组合的手法形成时尚唯美的发髻盘发，三七分的刘海修饰额头及脸形。头顶佩戴上小巧精致的珍珠皇冠，尽显新娘俏丽迷人的气质。

简洁婉约旗袍发型

顶发区饱满圆润的包发，提升新娘的气质。后发髻半圆状的轮廓弧度优雅而端庄，再搭配上精致的红色珠花，尽显新娘典雅娴静的气质。

BRIDE|07

成熟中的华美

脸形特征

此位新娘是典型的小脸，面部轮廓线条流畅而立体。但五官相对集中在下半部，额头较宽，眼部阴影较重，肤色暗淡不够通透，呈现出一种与实际不符的年龄感。不过，新娘五官量感较好，比例较大，在塑造风格上，选择空间较大。

新娘定位

成熟的风韵之美与优雅大气相结合，赋予新娘一种更加妩媚、更加风情万种的华贵。

妆面重点

此款妆容的特点在于将纯正的黑色融入相对柔和的裸色妆容中。加重眉毛的修饰，运用看似生硬的黑色眉粉，与似水芙蓉般的粉色腮红相呼应，得到了出人意料的完美无瑕效果。同样运用黑色睫毛膏修饰上下睫毛，使眼部开阔，以增加妩媚之感。

白纱妆容

眼部的神采，除去纯正的黑色无需更多色彩修饰。在清透明亮的底妆上，那一抹淡淡的桃红，如蜻蜓点水般。这是偶然间的惊鸿一瞥，却让人终生难忘。

礼服妆容

加深眼线的厚重之感，在眼皮四周轻扫一层金褐色眼影，以加深眼部轮廓。用橘红色闪亮唇彩提亮整个妆面，与同色系头饰遥相呼应，使新娘之美无关乎年龄。

旗袍妆容

一边是刚强的黑色，一边是火热的红色，这是一种怎样的结合，才能铸就如此强烈的妩媚之感。眼妆依然主打黑色，用亮金色、淡紫色、褐色稍加点缀。正红色亚光唇妆如烈焰般奔放，凸显了新娘的风韵。

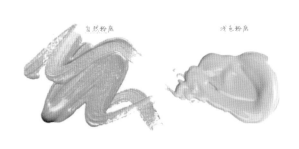
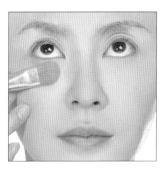

01 新娘皮肤整体的状态不错，但鼻唇沟较深，那么在打粉底的时候，首先选择一款与自身肤色相近的粉底进行底妆处理。在鼻唇沟最深的凹陷处涂抹上比肤色浅一号的粉底进行提亮，从视觉上让鼻唇沟的纹理减淡，使其与周围肌肤融为一体。

02 定妆完成后，用大号眼影刷蘸取浅色提亮粉，在下眼睑、额头及鼻翼两侧进行二次定妆及提亮，使底妆更加伏贴、立体。

03 选择一款质地柔和的黑色眼线笔，贴近睫毛根部描画出精致流畅的眼线。

04 蘸取米色眼影，将整个眼窝进行平铺晕染。

05 夹翘自身睫毛后，粘贴假睫毛。假睫毛要贴近真睫毛根部进行粘贴。注意假睫毛的两头在涂抹胶水时，可多涂抹一些，以免开胶。

06 将下睫毛涂刷出根根分明的效果。

07 选择浅棕色眉笔描画出自然立体的高挑眉形。

08 在苹果肌处由前向后进行斜向扫出粉色腮红。

09 在双唇上涂抹粉色系的唇彩来营造出双唇饱满丰盈的水嫩效果。

HAIRSTYLE
白纱发型：复古浪漫大卷

01 将所有头发用中号电卷棒进行外翻内扣烫卷。

02 将顶发区的头发根部做打毛处理。

03 将顶发区打毛的头发整理出线条及轮廓。

04 在耳前方分出一缕鬓发。

05 取右侧边缘发片，向上提拉，并下卡子将其固定。

06 将另一侧以同样的手法进行操作。

07 在后发区点缀碎花头饰。

08 在前额上方佩戴头花，点缀发型。

09 发型完成。

发型重点

此款发型运用了内扣外翻交替烫发手法，营造蓬松微卷的披散长卷发效果，使新娘显得优雅动人。顶发区运用了手抓发手法打造的宫廷式蓬松包发典雅、高贵。整体发型尽显新娘简约时尚的优雅气质。

DRESSING
公主般的魅力
选择适合自己的婚纱

婚纱不是一成不变的，如能加上合适的创意就会
与众不同。此款婚纱采用抹胸兼蓬裙的设计，抹
胸不仅能使新娘的颈部曲线更加动人，也能使新
娘胸部的线条美感得以提升。较大的亮钻，配上
相应的小钻点缀，形成动感十足的美丽婚纱。此
款婚纱独特，且颇具新意，适合追求时尚、唯美
的新娘选择。

其他婚纱款式推荐

优雅清新的蝴蝶结作为腰部的
花边装饰，成为全场的亮点；
下摆的鱼尾设计大气而华丽。
整体服装使新娘呈现出奢华、
高贵的王妃气质。

蕾丝加小碎钻组成挂脖式的衣
领，带着性感与时尚的气息，
结合束腰的紧身设计，搭配下
摆蓬裙，呈现出复古与现代
结合的效果。此款婚纱适合身
材较为丰满的新娘。

时尚而复古的一字肩设计加上
超大的裙摆，展现了新娘的女
神气质。高束腰设计能够勾勒
出迷人的腰线，蓬裙的设计则
有助于遮挡不完美的身材曲线，
使新娘显得高贵而甜美。

圣洁梦幻白纱发型

飘逸浪漫的卷发，总能很好地将新娘柔美可人的一面凸显出来。在打造此款发型时，重点需注意，左侧拧包要光洁、圆润，且碎发要整理干净；右侧的外翻拧包可根据新娘脸形的特点来控制其轮廓，长脸新娘外翻走向可以宽些，反之则窄些。

璀璨深情白纱发型

时尚外翻的刘海，其发丝纹理清晰，线条动感，再结合后发区简洁的拧包盘发，凸显了新娘时尚动感的气息。发型的重点需掌握顶发区发片与刘海的自然衔接，不可脱节；后发区左右两侧的拧包轮廓要圆润、对称。此款发型非常适合喜爱时尚简约风格的新娘。

HAIRSTYLE
礼服发型：红韵蕾丝盘发

01 将头发用中号电卷棒进行烫卷。

02 分出刘海区及后发区。将后发区的头发扎成马尾。

03 将发尾盘起并做成饱满紧致的发髻。

04 将刘海区的头发向后提拉，做打毛处理。

05 将打毛的头发向后梳理，做拧包，收起并固定。

06 在前额处佩戴红色蕾丝头饰，点缀发型。

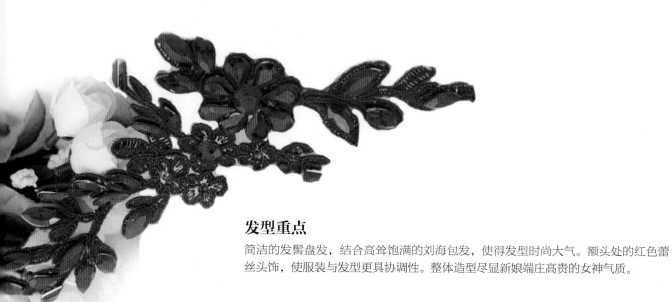

发型重点

简洁的发髻盘发，结合高耸饱满的刘海包发，使得发型时尚大气。额头处的红色蕾丝头饰，使服装与发型更具协调性。整体造型尽显新娘端庄高贵的女神气质。

DRESSING

流光溢彩的幸福光环
选择适合自己的礼服

孔雀、鲜花两者在一起就是一幅美丽的画面。而这款礼服，无不使上述两元素完美地融合。经典的抹胸配以鲜花，展现出新娘的端庄美丽，同时将其颈部的曲线美淋漓尽致地表现出来。紧身鱼摆的设计不仅让新娘完美的曲线美感得以提升，更是在裙摆部分加以精致的孔雀与鲜花刺绣，艺术化地烘托出新娘的与众不同。此款礼服适合身材曲线较好的新娘穿着。

其他礼服款式推荐

性感的抹胸和重坠质感的裙摆时尚而简约，背后蝴蝶结的点缀又添几分俏丽。此款礼服适合身材比例较好并喜爱时尚简约风格的新娘。

经典的抹胸结合束腰包臀的设计，加上腰部蝴蝶结的点缀，既能勾勒出新娘曼妙的身姿又添了几分俏丽与甜美。小鱼尾的裙摆设计优雅而婉约。

时尚的单肩吊带设计性感而优雅，高腰包臀的设计能够勾勒出身材的曲线，使得新娘就如童话里的美人鱼般优雅婀娜。

个性豪放礼服发型

此款发型运用了打毛及拧绳手法打造而成，其操作手法简单，适用于当日婚礼造型变换。重点需掌握后发区发髻轮廓的圆润、整齐，刘海要有透气感。随意动感的刘海搭配简约清爽的盘发，使整体发型尽显新娘时尚大方的明星气质。

色彩时尚礼服发型

此款发型运用了打毛、拧包及编发手法打造而成。重点需注意前推式的刘海在处理过程中，头发发根的打毛是关键所在，打毛时发片一定要根据发包轮廓的走向来进行提拉。时尚的前推式刘海结合后发区精致的编发发髻，再搭配红色头饰，使发型体现出新娘时尚高贵的明星气质。

HAIRSTYLE
旗袍发型：圆润发辫盘发

01 用中号电卷棒将所有头发进行外翻烫卷。

02 取左侧一股头发，分出均等的三股发片。由左向右进行三股单边续发编辫。

03 编至发尾，将发辫向上提拉并固定。

04 将刘海根部做出手推纹理后固定。

05 将剩余头发向后梳理，并将其固定在后发区的枕骨处。

06 在发辫处佩戴白色珍珠饰品。

发型重点

此款发型运用了烫发、三股单边续发编辫及手推波纹手法打造而成。外翻的烫发处理使发辫可更加饱满；三股单边续发的编辫使整个后部发型轮廓显得更加圆润、饱满。刘海区巧妙地运用了手推波纹的手法来烘托凹凸的层次感，最后用白色珍珠饰品点缀在发辫处，使得整体发型更加凸显新娘古典贤淑的气质。

DRESSING
玲珑感的东方韵味
选择适合自己的旗袍

红色的旗袍不仅喜庆，更能凸显出新娘强大的气场。此款旗袍采用了经典的传统红色，配以精致的镂空与刺绣，加上华丽的亮钻，完美地塑造出传统新娘大方、高雅、华丽的气质。紧贴式的腰身处理，令新娘的身材曲线得以展现，在裙摆部分采用鱼尾款式，不仅让新娘的身材更加婀娜妩媚，也可以更好地修饰新娘不理想的腿部线条。

其他旗袍款式推荐

琵琶领搭配不规则的三角形镂空的设计，既性感又不过于暴露，将东方女子的含蓄内敛很好地体现了出来。修身提臀的紧身设计则更加凸显了新娘古典优雅的韵味。

包肩的设计含蓄淳朴，高腰直筒式的裙摆将新娘的身材修饰得更加高挑。琵琶领搭配水滴洞的设计则凸显了新娘性感的气息。

琵琶领搭配水滴洞的设计带有性感的韵味。高腰友贴身设计勾勒出新娘优美的身材曲线。小鱼尾的裙摆则增添了几分时尚与优雅。

红色中国旗袍发型

此款发型运用了内扣拧包、拧转及手打卷手法打造而成。内扣刘海既营造出复古气息，同时还修饰脸形，偏侧发髻的层次纹理鲜明，结合顶发区圆润的轮廓弧度，再搭配红色的头花，凸显新娘端庄古典的气质。

千姿百媚旗袍发型

此款发型运用了拧包、交叉拧转及拧绳手法打造而成。发型重点在于偏侧拧绳的发髻，操作时发片拧绳的力度要松紧适宜，过松则发型会凌乱，过紧则偏侧发髻的轮廓又无法呈现。圆润光洁的发髻通过红色头饰的点缀，营造出了新娘端庄古典的气质。

BRIDE|08

灵动俏皮公主

脸形特征

这位新娘拥有可爱而漂亮的小脸轮廓，天生的娃娃脸让她看起来年轻漂亮、充满活力。棕褐色大眼有神且拥有很深的双眼皮，五官相对较为舒展，肤色较为均匀，肤质较好。但鼻部到下巴的距离稍短，鼻翼两侧距离稍宽，缺乏精致的质感，眼部阴影较重，需要稍稍遮盖。

新娘定位

结合新娘天生的娃娃脸，可以将之打造成充满活力的俏皮小公主形象，突出其娇丽而青春的健康之美。

妆面重点

这是一位拥有较好肤质，肤色也较为均匀的新娘。在这样的肤质条件下，我们只需轻轻打上一层薄薄的粉底，用裸色系营造整个如水肌肤。在眼妆方面，新娘拥有一双漂亮的棕褐色眼睛，用简单而极为细腻的眼线，从内眼角开始直至眼尾，旨在将睫毛的空隙处填满，提亮眼部神采，加深眼部轮廓。再运用粉色系眼影粉晕染眼睑，与同款色系更加清淡的腮红搭配，突出新娘年轻而阳光的一面。

白纱妆容

增加下睫毛的妆效，是此款妆容的一大特点。运用简单的点状假睫毛，点缀下眼睑中部至眼尾后半部，以增强新娘的俏皮、活泼感。搭配白纱，我们选用裸色系亚光底妆，再搭配淡淡的粉色唇彩，使新娘清丽可爱而又光彩照人。

礼服妆容

改变从眼妆开始。运用浓密而纤长的上睫毛，突出新娘淑女的一面。将天蓝色与银色眼影晕染在眼部四周，打造出小烟熏妆的效果。在下睫毛处扫上一层白色亮粉，突出眼部神韵。依然选用粉色系腮红与唇彩，甜蜜间充满浪漫的意境与氛围。

旗袍妆容

眼部选择了暖色调的橘色眼影，以渐层的手法晕染至双眼皮以内的位置，精致拉长的浓黑眼线，将新娘原本可爱的圆形眼形打造成妩媚的长眼效果。自然的睫毛、时尚的平眉使眼妆极具时尚气息，再搭配上精致的红色唇妆，整体妆容毫无违和感。

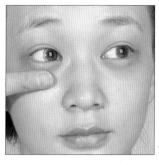

01 观察新娘的面部，发现其黑眼圈比较严重，先选择一款橙色修颜膏，在眼袋处进行遮盖（橙色修颜膏遮盖黑眼圈的效果很棒，千万不要用错了颜色）。

02 选择与肤色接近的乳状粉底，并用海绵将整个面部进行滚压打底。

03 在处理完粉底还未定妆之前，选择粉嫩色的膏状腮红，在苹果肌处进行晕染过渡。膏状腮红的好处在于它能使腮红由内而外地散发红润的效果，可使妆容更加自然。

04 取大号眼影刷，蘸取定妆粉，并将面部进行局部定妆，尤其眼部底妆一定要定实。

05 蘸取与腮红同色系的粉色眼影，在眼窝处进行晕染过渡，可选择渐层或平铺手法。

06 取白色珠光眼影，在眉下线边缘进行晕染过渡，使粉色眼影边缘更加自然柔和，同时可使眼部结构更加立体。

07 利用黑色眼线膏贴近睫毛根部描画眼线。

08 夹翘睫毛后，选择浓密拉长型睫毛膏，涂刷上下睫毛。

09 选择浅棕色眉笔，勾勒出立体自然的眉形。因整体妆容色彩比较柔和，所以眉形切记不可过于浓重。

10 用指腹蘸取少量粉底，将唇部边缘进行遮盖，使唇形边缘轮廓不要过于清晰。

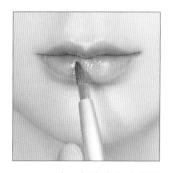

11 在唇部由内向外涂抹浅粉色唇膏后，蘸取透明唇彩，在唇珠处进行点缀，使双唇色彩柔美，同时增添了唇部的饱满感。

HAIRSTYLE
白纱发型：后垂优雅编发

01 将头发用玉米须夹板进行烫卷，使其蓬松饱满，易于塑形。

02 取顶部一股头发，进行拧包，收起并固定。

03 取左侧一股头发，向右侧拧转并固定。

04 取右侧一股头发，向左侧拧转并固定。

05 将剩余的头发进行蝎子编辫，直至发尾结束。

06 将发辫的尾端向内拧转，收起并固定。

07 在后发区的枕骨下方佩戴头饰，点缀发型。

08 在前额处佩戴珠链头饰，点缀发型。

发型重点

此款发型运用了拧包加蝎子编辫手法打造而成。精致的蝎子编发塑造出优雅的后缀式发髻。搭配吊坠式的珠链头饰，尽显新娘清新、唯美、浪漫的风格。

DRESSING
萦绕眉心的世纪之美
选择适合自己的婚纱

少女般的可爱、俏丽，是很多新娘当下的追求。
在此款婚纱中，蕾丝花边不仅使新娘清新可爱，
而且多了几分浪漫、优雅。亮钻的点缀为此款婚
纱增添了不少华丽感，而蓬裙的设计让新娘更加
婉约甜美。此款婚纱适合追求甜美清新，或者腿
部线条不是特别理想的新娘选择。

其他婚纱款式推荐

蕾丝加小碎钻组成挂脖式的衣
领，带着性感与时尚的气息，
结合束腰的紧身设计，搭配下
摆蓬裙，呈现出复古与现代
结合的效果。此款婚纱适合身
材较为丰满的新娘。

深V领结合收腰塑形的吊
带设计，加上蓬松唯美的
裙摆，瞬间让新娘成为全
场的焦点，尽显其性感妖
娆的华丽气质。

时尚而复古的一字肩设计加上
超大的裙摆，展现了新娘的女
神气质。高束腰设计能够勾勒
出迷人的腰线，蓬裙的设计则
有助于遮挡不完美的身材曲线，
使新娘显得高贵而甜美。

俏皮花嫁白纱发型

田园风格的清新编发与高贵典雅的包发相结合，无不凸显出新娘怡静俏丽的气质。此款发型在操作中需要注意真假发结合时发丝纹理的干净整洁，编发时对松紧程度的把握，以及饰品的选择与佩戴。

温润甜美白纱发型

每一位新娘都希望像公主般高贵、典雅。此款发型在操作中包含了多种技法的综合运用，需要注意的地方主要表现在编发时需要使头发整洁干净，后发区头发的拧包需要错落有致，头顶饱满的拧包需要与整体发型相协调。此款发型非常适合追求高贵大气的新娘选择。

HAIRSTYLE

礼服发型：雍容大气盘发

01 将头发分为顶发区、左右侧发区及后发区。

02 将顶发区的头发扎成马尾。

03 将发尾向前梳理光洁，然后进行拧转并固定。

04 将左侧头发向顶发区提拉，拧转并固定。

05 将右侧头发向头顶处提拉，拧转并固定。

06 将后发区分出数股发片，然后向上提拉，拧转并固定。

07 将剩余的头发向头顶处提拉，拧转并固定。

08 在左侧处佩戴精致头饰，点缀发型。

09 发型完成。

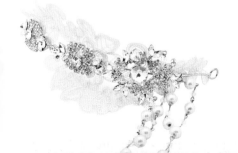

发型重点

此款发型的重点是时尚的内扣式刘海，结合交叉拧包的盘发。点缀别致的珍珠蕾丝头饰，整体发型凸显了新娘时尚摩登的明星气质。

DRESSING
雍容与华贵并驾齐驱
选择适合自己的礼服

星光熠熠的亮钻在礼服中非常令人瞩目，而梦幻的蓝色更是增添了几分性感。在此款礼服中，亮钻被大量运用其中，使得新娘华丽而高贵。褶皱被恰如其分地分布于礼服之上，又为新娘增添了很多时尚气息。飘逸垂坠的裙身使得新娘更加动感迷人，此款礼服非常适合追求华丽、高贵的新娘选择。

其他礼服款式推荐

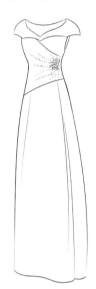

外翻领口的设计独特，束腰式的紧身设计较好地勾勒出娴娜的腰部曲线，结合简约的垂地裙摆，复古、典雅。

性感的抹胸和垂坠质感的裙摆时尚而简约，背后蝴蝶结的点缀又添几分俏丽。此款礼服适合身材比例较好并喜爱时尚简约风格的新娘。

经典的抹胸设计能够展现出新娘优美的颈部线条及肩部线条。收腰包臀的下摆鱼尾设计尽显新娘娴娜的身材曲线。腰部的饰品则为原本单调的礼服增添了层次感与精致感。

幽韵别致礼服发型

此款发型利用烫发、卷筒及三股单边续发编辫而成。操作重点需掌握各发区之间的衔接固定点，且固定点不宜过高或过低，要使整个发型轮廓呈现圆润状为最佳。复古婉约的卷筒刘海结合精致的编发轮廓，再搭配上头花，使整体发型体现出了新娘时尚复古的明星气质。

经典时尚礼服发型

饱满且层次鲜明的后缀式发髻在打造过程中需注意发片之间的交替衔接及下卡子的牢固度。同时此款发型在打造之前必须经过玉米烫处理，否则无法达到饱满的效果。精致有型的韩式盘发搭配珠花头饰，尽显新娘时尚典雅的气质。

HAIRSTYLE

旗袍发型：经典复古雅致波纹

01 将刘海区头发留出，并将剩余的头发扎成低马尾。

02 在马尾中取一束发片后缠绕马尾扎结处，并将皮筋遮挡住。

03 取马尾发片，依次做手打卷并缠绕，由左向右摆放并固定。

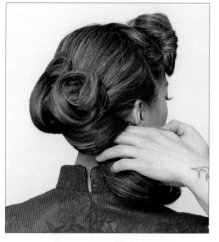

04 将剩余的发片由下向上进行拧转，并固定在右侧耳后方。

05 将发尾做手打卷，缠绕并固定。

06 取电卷棒，将刘海区的头发进行内扣烫卷。

07 将发卷梳顺后，进行手推波纹处理，并将波纹用鸭嘴夹暂时固定。

08 将剩余的发尾做手打卷后收起，衔接并固定在后发区的发髻处。喷发胶定型，待干后取下鸭嘴夹。

09 在左侧前额的上方佩戴红色头饰，点缀发型。

发型重点

此款发型运用了扎马尾、手打卷、烫发及手推波纹手法打造而成。精致复古的手推波纹刘海是此款发型的关键之处，在操作过程中烫发处理也尤为关键，发片提拉的角度与头皮呈90°为宜，同时要烫到头发根部。别致的波纹刘海搭配红色头饰的点缀，以及具有中国风的耳饰衬托，使新娘显得妩媚而俏丽。

DRESSING
优雅中绽放美丽
选择适合自己的旗袍

此款旗袍为旗袍中的经典款型，立领的裁剪设计修饰了新娘颈部的线条，包肩的袖口设计能够修饰新娘的臂膀。饱满纯正的红色搭配胸前刺绣的牡丹花，使得整体服装更加华丽而精美。裙摆的开衩设计，使新娘在穿着旗袍行走中更加舒适，同时还为其增添了几分性感、妩媚。

其他旗袍款式推荐

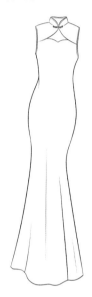

琵琶领堰取不规则的三角形镂空的设计，既性感又不过于暴露，将东方女子的含蓄内敛很好地体现了出来。修身提臀的紧身设计则更加呈现了新娘古典优雅的韵味。

此款旗袍传统而端庄，高领的设计修饰了颈膊的残条，点缀精致的盘扣，更加精致规约。短款的衣袖设计可改善新娘臂膀较宽或较粗的缺陷。

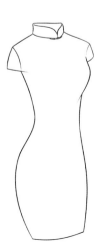

此款旗袍为传统的经典款式。高领口结合收腰紧臀的贴身设计，呈现了新娘的S形身材曲线。

时尚空气感旗袍发型

此款发型运用了烫发、拧转手法塑造后发髻空气感盘发。时尚的空气感盘发结合喜庆的红色头饰，再搭配上极具中国风的流苏耳饰，使整体造型尽显新娘时尚高雅的妩媚气质。

娴静优雅旗袍发型

此款发型为端庄的偏侧低发髻盘发。饱满的发包结合时尚感的外翻刘海，再搭配红色头花发饰，将新娘含蓄、恬静的气质表现得淋漓尽致。

BRIDE|09

细腻纯美妆效

脸形特征

这位新娘脸形较为饱满，属于肉肉脸女生。其肤质较好，肤色较为均匀，双眼大且有神，但眼部阴影较重，眉形较好，眉色较淡。五官比例较为匀称，但两侧颧骨较高且距离较宽，脸稍显大。

新娘定位

根据新娘的脸部结构和特点，将之塑造成刚柔并进的都市白领丽人形象。

妆面重点

让我们告别刻板而厚重的复古妆容，在此款妆容中，我们用稍微简单的色彩，勾勒出一个精致的妆效。极细而流畅的眼线，自然而细腻。眼尾处稍微扬起，突出新娘眼部层次。运用时下十分走俏的粗眉，在温柔的面庞上，增加一丝英气。淡化上下睫毛与腮红，突出粉嫩的唇色。整个妆面干净且色彩柔和。

白纱妆容

告别复古妆容那种刻板的底妆效果，用滋润度高的透明湿粉薄薄地施于面颊，以突出肌肤透明、亚光、自然的效果。如同蜜桃般甜美粉嫩的唇色非常自然，搭配若隐若现的桃红色腮红，使新娘优雅感十足，其脸部更加立体，打造迷人的小脸轮廓。

礼服妆容

传统白肤配红唇的效果，没有太多浓艳色彩，却带来强烈的视觉冲击。运用粉红色系来打造立体眼妆，以渐变的方式凸显眼部轮廓。着重修饰的上下睫毛，呈现出朦胧的迷人效果。

旗袍妆容

眼部减少红色系颜色，以黑色为主体色调，能更好地增大眼部。纤长的上睫毛自然而透感十足，在下睫毛处扫上一层淡淡的黑色眼影粉，让双眼更加深邃。橘色腮红的运用，可轻松营造出新娘脸部的好气色。

01 用液状粉底打造出水润光感的底妆，用粉扑蘸取蜜粉。进行局部按压定妆。

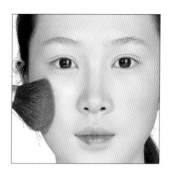

02 蘸取棕色亚光眼影，由鼻根处向下延伸进行鼻侧影处理。

03 用腮红刷蘸取粉色腮红，由苹果肌处向外延伸，扫出清新粉嫩的腮红。

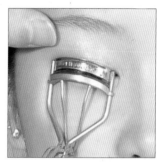

04 用中号眼影刷蘸取粉色珠光眼影，将上眼睑平铺晕染。

05 用大拇指将眼尾轻轻向上提拉，然后贴近睫毛根部描画自然精致的眼线。

06 贴近睫毛根部，分三段式地夹翘睫毛。

07 用睫毛膏涂刷上下睫毛。

08 用白色珠光眼线笔在下眼睑内线处进行描画，使双眼更加清晰明亮。

09 用黑色眼影晕染眼线边缘。

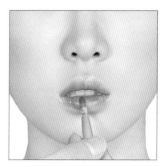

10 用眉刷蘸取棕色眉粉，描画出自然精致的眉形。

11 用裸色唇膏为双唇打底。

12 用唇刷蘸取粉色口红，由内向外进行晕染，使唇色有渐变的效果。

HAIRSTYLE
白纱发型：雅致高髻盘发

01 将所有头发扎成高马尾。

02 将马尾进行蝎子编辫，直至发尾。

03 将发辫进行缠绕，并固定成发髻。

04 将发辫边缘下暗卡并固定。

05 在发髻边缘处佩戴精美的珍珠饰品，点缀发型。

06 在马尾的发髻处佩戴头纱，烘托整体发型。

发型重点

此款发型的操作手法极为简单，其运用了扎马尾及蝎子编辫手法打造而成。为使发辫的发髻能呈现出饱满的轮廓，在编发之前需用玉米须夹板将头发烫卷，以增加发量。发髻偏侧可显俏丽、偏正则显高贵。光洁的马尾编发结合高耸偏侧的发髻，再搭配上饰品与头纱，将新娘时尚简约、清新靓丽的气质表现得淋漓尽致。

DRESSING
传统与优雅美丽盛开
选择适合自己的婚纱

经典的婚纱总是离不开华丽的蓬裙。此款婚纱中，精致唯美的花纹领口设计，使得新娘的整体造型更加华丽，而镂空的纱使新娘显得更加优雅。同时采用了较为宽大的裙身，使得新娘更加端庄。本款婚纱适合追求端庄华丽，或者腿部线条不是特别好的新娘选择。

其他婚纱款式推荐

蕾丝加小碎钻组成挂脖式的衣领，带着性感与时尚的气息，结合束腰的紧身设计，搭配下摆蓬蓬裙，呈现出复古与现代结合的效果。此款婚纱适合身材较为丰满的新娘。

深V领结合收腰塑形的吊带设计，加上蓬松唯美的裙摆，瞬间让新娘成为全场的焦点，凸显其性感妖娆的华丽气质。

时尚而复古的一字肩设计加上超大的裙摆，展现了新娘的女神气质。高束腰设计能够勾勒出迷人的腰线，蓬裙的设计则有助于遮挡不完美的身材曲线，使新娘显得高贵而甜美。

白色礼赞白纱发型

此款发型运用了编发及拧包手法打造而成。不对称式的后发髻拧包发型时尚而个性，搭配公主范的皇冠，使整体发型极好地烘托出了新娘高贵、典雅的公主气质。后发区对称与不对称的发髻可根据新娘的喜好来决定，不对称的发髻时尚而个性，对称的发髻则能够体现新娘端庄、复古的风格。

水晶淑女白纱发型

一款后缀式的韩式盘发，其层次纹理清晰，前额无刘海的盘发设计更显新娘大气，再搭配 blingbling 的珠链饰品，使正面原本单调的发型增添了几分华丽感。发型重点需掌握后发区发髻固定的牢固度，每束发片衔接都需固定在原有的发辫之上。

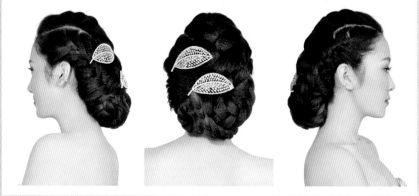

HAIRSTYLE
礼服发型：饱满莹韵编发

01 将头发分为左中右3个发区，并将左侧头发进行蝎子编辫，直至发尾。

02 将中发区的头发做蝎子编辫，直至发尾。

03 将右侧头发做蝎子编辫，直至发尾。

04 将左侧发辫向右侧提拉并固定。

05 将中部和右侧的发辫向左侧提拉并固定。

06 在马尾的发髻处佩戴叶片状头饰，点缀后发区。

发型重点

此款发型是一款纯粹的编发组合盘发。运用左右对称的手法来塑造发型的协调感。操作重点需掌握对蝎子编辫的根部处理方法，要贴着头皮进行编发，使发辫紧致、干净。精致的编发盘发搭配上时尚个性的饰品，凸显了新娘时尚、俏丽的甜美气质。

DRESSING

回眸瞬间的脱俗气质
选择适合自己的礼服

随着时代的进步，礼服越来越时尚、个性。此款礼服的款式别具新颖，同时又不失优雅、华丽。经典的抹胸，很好地突出了新娘的颈部线条，让新娘更加婉约动人。时尚的蝴蝶结设计，让新娘可爱纯真的气质得以展现。奢华的裙身设计，衬托出新娘雅致大气的形象，此款礼服非常适合追求奢华、时尚的新娘选择。

其他礼服款式推荐

深V镂空的设计能够出呈丰满的胸部，高腰包臀的设计尽显娜娜曼妙的身姿，搭配小拖尾的裙摆，更加性感优雅。

经典的抹胸结合束腰包臀的设计，加上腰部蝴蝶结的点缀，既能出呈新娘曼妙的身姿又添了几分俏丽与甜美。小鱼尾的裙摆设计优雅而婉约。

高腰的抹胸设计点缀以堆砌的褶皱饰品，使得胸部更加饱满。此款礼服适合身材偏瘦的新娘。

云朵堆积礼服发型

此款发型重点突出的是右侧发髻的层次感。在操作时，每束发片叠加时要以渐层的手法进行摆放并固定，同时每束发片在操作时要干净，不宜有碎发。错落有序的偏侧拧转盘发点缀上精美的头饰，不仅烘托了发型的层次感，更凸显了新娘复古时尚的妖娆气质。

层次美感礼服发型

此款发型运用了拧包、卷筒、外翻拧转及手打卷多种手法打造而成。操作重点需确保后发区上下卷筒的饱满与牢固，同时还需控制好左右刘海的对称性。中分对称的外翻刘海结合饱满的盘发造型，再搭配别致的皇冠，尽显新娘典雅、高贵的女王气质。

HAIRSTYLE
旗袍发型：珠光雅韵盘发

01 将所有头发用玉米须夹板进行烫卷，并将头发扎成低马尾。

02 将马尾分出数股发片，将发片沿着发髻边缘拧转并固定。

03 继续以相同的手法叠加发片并固定。

04 将第三束发片拧转并固定在第二束发片之上。

05 将所有发片依次进行叠加拧转并固定。

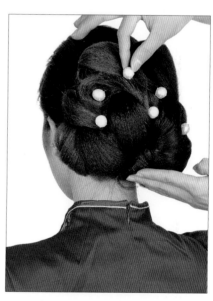

06 在发髻上点缀珍珠发卡。

发型重点

低发髻盘发是盘发中最能表现美的手法之一。这样的盘发在发型中着重表现了发髻的盘发特点，集合了盘发的特点魅力，给发型注入了最新的韩式盘发元素。发型精致且具有层次感，再结合珍珠头饰的点缀，体现出了新娘优雅、古典的韵味。

DRESSING
如水的风貌年华
选择适合自己的旗袍

简约的中国元素，越来越多地受到人们的喜爱。此款旗袍采用了传统而时尚的红色和精致的刺绣，凸显新娘温柔精致的气息。简约的裙身设计，更好地凸显了新娘优雅的身姿。其实，简约的中国风已经成为世界时尚不可缺少的元素之一，无论是在全球的电影节的红地毯上，或是在各种经典的电影画面中，都能经常看见简约却不失时尚的中式旗袍。本款旗袍适合追求时尚中国风的新娘。

其他旗袍款式推荐

此款旗袍带有性感的元素，时尚而个性的V领设计结合收腰紧臀的贴身设计，将新娘的身材曲线勾勒得玲珑有致。

这是一款融入礼服元素的改良旗袍。经典的抹胸设计将新娘的肩颈部线条完美呈现。精致的绣花单肩吊带则显得别致优雅。

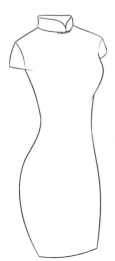

此款旗袍为传统的经典款式。高领口结合收腰紧臀的贴身设计，凸显了新娘的S形身材曲线。

明媚艳丽旗袍发型

此款发型运用了蝎子编辫及三股单边续发编辫手法打造而成。精致的编发总能很好地凸显女人柔美的气质。在编发时需注意，应将左侧发辫向外提拉一些，使其轮廓更加饱满，右侧则向内收紧一些，使整体发型从正面看呈现偏侧发髻的效果。

  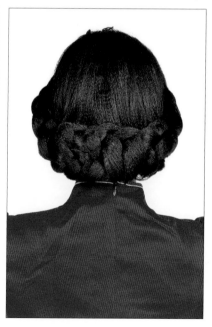

成熟欢庆旗袍发型

此款发型运用了三股续发编辫及三股单边续发编辫打造而成。时尚个性的编发刘海，结合后发区编发造型，再搭配上前额的头饰，极好地凸显了新娘时尚、甜美的优雅气质。

BRIDE|10
清新健康妆容

脸形特征

这位新娘为标准的瓜子脸，肤色白皙且均匀。有一双漂亮但稍显狭长的褐色眼睛，但双眼皮不对称，眉毛稀疏且颜色较淡。鼻梁稍低，鼻头较大，使新娘可爱中缺乏精致。嘴唇稍厚且颜色较浅，但五官总体不错，可塑性较强。

新娘定位

根据新娘阳光的形象特征，将其塑造成一个极具魅力的现代都市时尚女性，清丽中透出时尚，干净中显得健康。

妆面重点

粗眉在各种个性妆容大行其道的今天，得到了很多大牌化妆师的青睐。我们保留新娘原有的一字形眉，并将之加粗，这样不仅能增加气场，更显得时髦感十足。在打造妆容时，注意眉色要和发色一致或稍深，这样才不显得突兀。运用白皙透明的底妆，打造出新娘细腻而健康的肤色。流畅润滑的眼线在眼尾处稍稍上扬，使眼妆更加立体生动。

白纱妆容

一字形英气粗眉，在如白瓷般轻润的底妆上，气场十足。涂刷得根根分明的睫毛，与裸色眼影搭配，突出新娘健康、阳光的美好形象。橘色腮红的运用，让整体妆容富有质感与层次，打造出纯美的新娘妆效。

礼服妆容

为了让深肤色显得更有光泽，更富立体感，熟练地运用深浅粉底打造出了干净的底妆。香槟色与金色眼影交相运用，提亮眼部神采，加粗眼中与眼尾处黑色眼线，使大眼效果更明显。面积稍大的腮红，为此次妆容增加了十足的时尚感。

旗袍妆容

扇形上睫毛与点状下睫毛的运用，夸张而深刻地突出眼部妆容的存在感。在脸部中央区域扫上一层浅色高光粉，突出脸部五官的立体感。依然英气的一字形粗眉，与透明水润的唇彩，使新娘亮丽健康的形象深入人心。

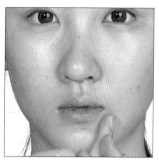

01 观察新娘五官后，发现其眼部周围及嘴角边缘的肤色比较暗沉。用紫色修颜膏进行遮盖，使整个面部肤色均匀。

02 选择乳状粉底，用海绵以滚压的手法进行底妆处理。

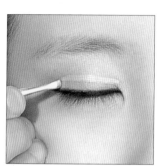

03 用遮瑕笔蘸取浅色粉底，在鼻梁中部做提亮处理，使鼻梁更加挺拔立体，然后进行面部定妆。

04 取大地色眼影，并在眼窝处进行平铺晕染。

05 贴近睫毛根部描画精致眼线。将眼尾轻轻向上提拉，并将眼尾眼线做微微上扬处理。一个简单的小动作可使眼形更为标准，同时还可以很好地提升气质。

06 新娘的前眼角有些闭合，修剪出合适的美目贴，并将其压在双眼皮的褶皱线处进行粘贴。

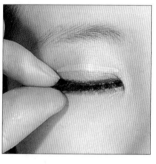

07 将自身睫毛夹翘后，取假睫毛，贴近睫毛根部进行粘贴，用手指或者镊子调整好假睫毛的卷曲度。

08 选择一款浓密拉长型的睫毛膏，将下睫毛涂刷出根根分明的效果。

09 新娘的脸形介于标准脸形与长形脸之间，所以眉形应描画成时尚的一字粗眉，以调整新娘整体五官的比例。首先找到眉峰的位置，然后画出眉下线，再勾勒眉上线。

10 以苹果肌为中心点，向后延伸并轻扫出粉色腮红。

11 选择一款淡粉色的唇漆，以外控手法描画双唇，在唇珠处涂上透明唇彩来营造双唇水润丰盈的效果。

HAIRSTYLE
白纱发型：懵懂畅想盘发

01 取玉米须夹板，将所有的头发烫卷。

02 将顶发区的头发固定在枕骨处。

03 由左侧向后做三股单边续发编辫，直至后发区的中部。

04 将另一侧以相同的手法进行操作。

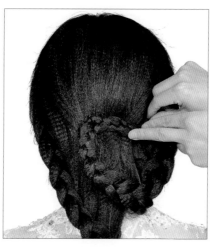

05 将发辫向上拧转并固定至枕骨处。

06 将另一侧的发辫以相同的手法进行交错拧转并固定。

07 取白色头花，佩戴并固定在枕骨处。

08 将刘海区的头发向左侧梳理干净。

09 在顶发区佩戴皇冠。

发型重点

编发总能给人一种甜美的感觉，而盘发则使新娘显得很有女人味儿，此款发型将这两种手法完美地结合在一起。左右对称的盘发，搭配顶发区华丽闪亮的皇冠，体现出了新娘甜美、俏丽的公主气质。

DRESSING
青涩与纯真的爱情
选择适合自己的婚纱

新娘穿上白色的婚纱，是女孩成为女人的一种转变，有女孩的甜美纯真，也有女人的幸福。这款婚纱采用了精致的蕾丝花，令新娘更加优雅。蓬裙的设计简约却充满了甜美气息。裙身蓬松而轻薄的纱，配以花边和精致的亮钻，营造出新娘唯美而浪漫、甜美而清新的气息。此款婚纱适合喜欢甜美清新，或腿部线条不是非常好的新娘选择。

其他婚纱款式推荐

吊带式的V领婚纱总能给人带来性感优媚的想象，高束腰的设计能够提升新娘的气质，搭配蓬蓬裙设计，既有性感的元素，又带有俏丽可人的气息。

深V领结合收腰塑形的吊带设计，加上蓬松唯美的裙摆，瞬间让新娘成为全场的焦点，尽呈其性感妖娆的华丽气质。

精致梦幻的亦地婚纱极具层次感，透气又大方。腰身的优美弧度加上后面的绑带设计，带有浓浓的公主情结。偏侧的吊带撷取精致的花朵，在简约中融入了几分精致与俏丽。

花季新娘白纱发型

精致的韩式编发搭配纹理清晰的拧绳盘发，清新雅致且富有时尚感。发型的重点是顶发区拧绳的头发要均匀，偏侧发辫在编发时角度不宜提拉得过高。整体发型搭配精美珠花，展现出新娘俏丽甜美、时尚恬静的气息。

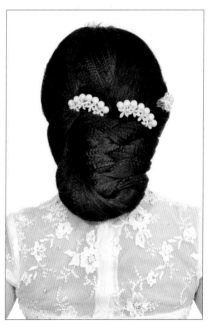

典雅新人白纱发型

左右交叉拧转手法是韩式发型常用的手法之一，层次鲜明的后缀式发髻搭配时尚感极强的外翻刘海，再利用头饰的点缀，完美地烘托出了新娘端美、时尚的韩式风格。

HAIRSTYLE

礼服发型：简洁古典盘发

01 将所有的头发用玉米须夹板烫卷。

02 在左侧取一束发片。

03 用发片缠绕所有头发，扎成马尾并固定。

04 取马尾中一束发片，将其向上拧转做卷筒状并固定。

05 继续将发片依次做卷筒状并固定，将发尾留出。

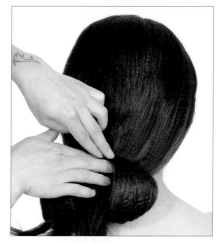

06 将剩余发片以相同的手法进行操作。

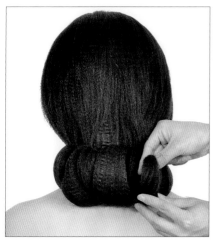

07 将留出的发尾依次向上拧转并固定。

08 在后发髻处佩戴头饰，以点缀发型。

09 发型完成。

发型重点

优雅气质的低发髻卷筒盘发，在操作中需掌握卷筒与卷筒之间的层次衔接，同时要使发髻呈现圆润、饱满的轮廓。中分的刘海区头发凸显气质，再搭配精美的红色饰品，整体发型尽显新娘端庄优雅的时尚古典气质。

DRESSING
若隐若现的魅力
选择适合自己的礼服

一抹亮丽的红色，配以飘逸动感的裙身，这样新娘怎能在婚礼宴席上不迷人呢？此款经典时尚的礼服，经典的抹胸设计让新娘的颈部曲线得以更好地展现，传统的中国结点缀在胸前，时尚而具有创意。流线的裙摆设计，配以镂空的薄纱，完美地展现新娘优雅迷人的腿部线条，同时又不失时尚、端庄。此款礼服适合喜欢时尚唯美的新娘。

其他礼服款式推荐

性感的抹胸和重坠质感的裙摆时尚而简约，背后蝴蝶结的点缀又添几分俏丽。此款礼服适合身材比例较好并喜爱时尚简约风格的新娘。

时尚的单肩吊带设计性感而优雅，高腰包臀的设计能够凸显身材的曲线，使得新娘犹如童话里的美人鱼般优雅婀娜。

经典的抹胸设计能够展现出新娘优美的颈部线条及肩部线条。收腰包臀的下摆鱼尾设计尽显新娘婀娜的身材曲线。腰部的饰品则为原本单调的礼服增添了层次感与精致感。

悸动明艳礼服发型

发型重点需掌握在三股单边续发时，续发的发量要均等，同时在转弯衔接处要自然过渡。精致的编发是韩式发型的常用手法之一，偏侧的发髻结合精致的珠花，整体发型尽显新娘俏丽、贤淑的时尚气息。

舞动青春礼服发型

发型重点需掌握后发区手打卷发髻在摆放固定时要有层次感，同时发型轮廓的走向要根据新娘脸形的特点来调整，注意方形或圆形脸的新娘不适宜将发髻走向往两侧延伸。低发髻盘发发型，优雅而娴静，错落有序的手打卷盘发结合精致的编发组合，再搭配别致的红色珠花，整体发型极好地凸显了新娘时尚优雅的气质。

HAIRSTYLE

旗袍发型：偏侧发辫盘发

01 对所有头发进行玉米烫处理。

02 将刘海区的头发向后拧包并固定。

03 由左侧耳上方开始向后进行三股单边续发编辫。

04 编至枕骨处，下卡子将发辫固定。

05 由右侧耳上方开始，向后进行三股单边续发编辫。

06 编至枕骨下方，下卡子将发辫固定。

07 将剩余的头发梳理干净，然后将其向上做卷筒，收起并固定。

08 将剩余的发尾做卷筒，向枕骨处提拉并固定。

09 佩戴饰品，点缀发型。

发型重点

此款发型运用了玉米烫、拧包、三股单边续发编辫及卷筒手法打造而成。高耸的刘海拧包提升新娘的气质并拉长脸形，精致的编发搭配复古的卷筒，整体发型尽显新娘端庄秀丽的可人气质。

DRESSING
飘逸的古典季节
选择适合自己的旗袍

曾几何时，刺绣慢慢淡出时尚圈，但现在随着复古风的兴起，刺绣作为独特的传统工艺，又回到了服装设计中，并融合了更多的时尚元素。此款旗袍，精致唯美的刺绣被大量地运用于其中，再配以时尚的褶裙，使传统与现代的元素被有机地结合在一起，令新娘不仅带有传统的温柔婉约的气质，更体现出其时尚的品位。

其他旗袍款式推荐

一款改良版的俏丽旗袍，传统旗袍领口搭配及膝的裙摆，非常适合身材娇小的新娘。泡泡袖及蝴蝶结可爱元素则呈现了新娘俏丽甜美的气息。

此款旗袍带有性感的元素，时尚而个性的V领设计结合收腰紧臀的贴身设计，将新娘的身材曲线勾勒得玲珑有致。

翻领的领口结合传统精致的盘扣，端庄而雅致，搭配下半身的齐地百褶裙，呈现出新娘的青春靓丽。

神秘雅姿旗袍发型

偏侧的拧转盘发，结合手摆波纹的刘海，再利用精致的珠花点缀刘海，为原本沉闷的盘发增添了几分俏丽。手摆波纹在操作时发片要均等，并以叠加的方式摆放并固定。注意偏侧发髻的拧包应该光洁饱满，且富有层次感，并体现出圆弧状，避免参差不齐。

重叠古韵旗袍发型

此款发型比较适合椭圆脸形，且身高不会太高的新娘，其更能体现出新娘俏丽、恬静的气质。发型的打造重点为右侧的两股拧绳续发及左侧的拧绳续发都需要光洁、蓬松，使发型具有圆润饱满的轮廓，此外，后发区的卷筒发髻大小要协调一致。简约精致的盘发搭配精美的头花，整体发型尽显新娘复古、优雅的名媛气质。

BRIDE | 11

减龄脱俗之美

脸形特征

这位新娘是典型的小脸，青春亮丽。其脸部外形轮廓较为圆润，额头较宽，五官相对集中在脸的下半部分，鼻子到下巴的距离稍短，脸部有明显的雀斑。但新娘的鼻梁与颧骨部分较高，唇形较为漂亮，可将新娘塑造成多种风格。

新娘定位

根据新娘小巧、清纯的外形特点，我们将其打造成清新脱俗的小女人形象。

妆面重点

用白色眼影涂抹于上眼睑与眼角，使新娘看起来简单而清丽。睫毛的部分，无需使用过长的假睫毛来强调眼部的神采，新娘自身的睫毛就已足够。夹翘睫毛后，用睫毛膏将睫毛刷出根根分明的效果，并将下睫毛同样打造出分明感。淡淡的橘色腮红，突出妆面的层次感与立体感。

白纱妆容

稍微加重眼线量感，让眼睛更具光彩。白色与桃红色眼影的运用，将新娘清新、脱俗的形象完美展现。运用同样的白色眼线笔，将下眼线填满，这样不仅具有极强的时尚感，更是这款妆容的点睛之笔。

礼服妆容

自然感十足的纤长美睫，将棕色、银灰色眼影交替过渡晕染在上下眼周。在眼尾处加深眼影，增加眼部深邃度，在视觉上放大双眼，增加眼部神采。简单的裸色唇看似简单，却大有玄机——将视觉焦点集中在眼部，强调眼部魅力，并有效地修饰脸形，将面部线条展现得更为精美。

旗袍妆容

此款妆容搭配旗袍的鹅黄色主题，眼影的色彩运用了同样的鹅黄色眼影，并晕染于整个眼皮，清新之感扑面而来。减轻腮红的饱和度，并轻轻淡扫出腮红，配合裸色且不抢镜的唇妆，表现新娘大方、聪慧的气质。

01 观察新娘脸形，先确定新娘适合的眉形，不宜过于高挑，并大致修整出眉峰的高度。将眉底线修出，将眉毛边缘的毛发刮干净，使眉形更加精致、清爽。

02 选择乳状粉底，对面部进行均匀打底，然后用粉扑蘸取定妆粉并进行定妆。

03 蘸取白色珠光眼影，在整个前眼窝处进行平铺晕染，注意睫毛根部及双眼皮以内也需平铺同色的眼影。此方法可使后面的眼影还原为最佳的色彩状态。

04 选择桃粉色眼影，在双眼皮以内进行渐层晕染，使后眼尾略宽一些。

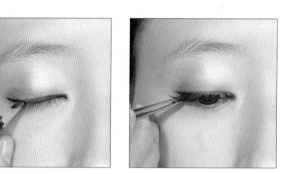

05 贴近睫毛根部，描画黑色精致的眼线。

06 将假睫毛贴合睫毛根部进行粘贴，并用镊子调整假睫毛的卷曲度。

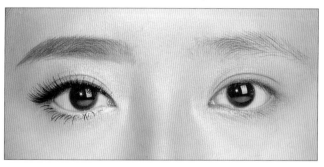

07 在下眼睑的前眼角处描画白色珠光眼线，以提亮眼头。将下睫毛涂刷成根根分明的效果。

08 用眉刷蘸取棕色眉粉，并描画出自然的眉形。

09 眼妆完成前后的对比效果。

10 用腮红刷蘸取粉色腮红，由苹果肌处起笔并向后延伸轻扫。注意腮红边缘要与肌肤自然融合。

11 将双唇涂抹上嫩粉色的唇彩即可。

HAIRSTYLE

白纱发型：弧形发辫盘发

01 取刘海区的头发，向右侧进行三股续发编辫。编至右侧耳下方后，进行单边续发编辫。

02 编至发尾后，用皮筋将发辫固定。

03 将发辫向上提拉后拧转并固定。

04 将另一侧的头发向上提拉，进行三股续发编辫。

05 编至发尾，下卡子将发辫固定。

06 在前额处佩戴珍珠饰品，以点缀发型。

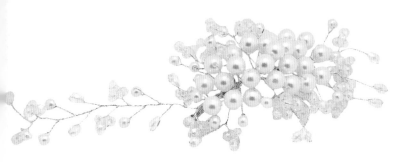

发型重点

此款发型在操作前，需对头发进行玉米烫处理，增加发量，以便于造型。发型的重点是编发时需掌握发片提拉的角度及确保左右发区自然衔接。精致的偏侧编发搭配素雅别致的珍珠头饰，尽显新娘清新、雅致的气质。

DRESSING
如溪水般透彻的美
选择适合自己的婚纱

可爱唯美的新娘,总能给人一种小鸟依人的感觉。在此款婚纱中,经典的抹胸设计能很好地展现新娘白皙的香肩及优雅的颈部曲线。亮钻和精致的蕾丝不仅能显出新娘高贵华丽的气质,也能展现出新娘时尚优雅的品位。蓬裙的设计加以镂空的蕾丝,不仅弥补了新娘腿部线条的不足,还增添了新娘清新唯美的气质。此款婚纱适合喜欢时尚唯美的新娘选择。

其他婚纱款式推荐

蕾丝加小碎钻组成挂脖式的衣领,带着性感与时尚的气息,结合束腰的紧身设计,搭配下摆蓬蓬裙,呈现出复古与现代结合的效果。此款婚纱适合身材较为丰满的新娘。

精致梦幻的齐地婚纱极具层次感,透气又大方。腰身的优美弧度加上后面的绑带设计,带有浓浓的公主情结。偏侧的吊带搭配精致的花朵,在简约中融入了几分精致与俏丽。

时尚而复古的一字肩设计加上超大的裙摆,展现了新娘的女神气质。高束腰设计能够勾勒出迷人的腰线,蓬裙的设计则有助于遮挡不完美的身材曲线,使新娘显得高贵而甜美。

时尚优雅白纱发型

此款发型运用了拧包及卷筒手法打造而成。光洁的发片是完成精致拧包发型的关键，自然衔接的拧包使发型具有极强的层次感。偏侧内扣的刘海修饰过于饱满的额头，偏侧层叠的拧包结合后发区光洁的卷筒盘发，再搭配华丽精致的皇冠，整体发型凸显新娘高贵的女王气质。

  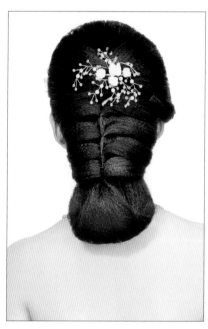

如沐清风白纱发型

此款发型运用了拧包、交叉拧转及卷筒手法打造而成。发型的重点是使顶发区的发包饱满圆润，在对后发区的头发进行交叉拧转时，续发的发量要均等，要用卡子固定牢固。别致的后缀式韩式盘发结合顶发区饱满的包发，再搭配珠花饰品，将新娘精美雅致、清新娴静的气质凸显得淋漓尽致。

01 分出刘海区头发，并将剩余的头发扎成高马尾。

02 将马尾向前拧转，然后下卡子将其固定，并使其形成圆润饱满的发髻。

03 将发尾向内收起，并遮住皮筋。

04 将刘海区的头发外翻，提拉并打毛。

05 将刘海区的头发做成外翻卷筒，收起并固定。

06 在左侧前额的上方佩戴红色珠花，点缀发型。

发型重点

此款发型运用了扎马尾、拧包、打毛及卷筒手法打造而成。发型的重点是使顶发区的发髻圆润、饱满。复古时尚的外翻卷筒刘海结合高耸圆润的发髻，再搭配喜庆娇艳的红色珠花，凸显了新娘时尚、复古的中国风。

DRESSING
时尚与古典的碰撞
选择适合自己的礼服

在婚礼宴席上，红色是性感、高雅、吉祥的颜色。此款礼服通过红色展现出新娘的幸福感，采用经典的抹胸设计，展现出新娘优雅动人的颈部线条及光洁白皙的肩部。大面积的亮钻铺展于前胸，使得新娘更加华丽、雅致。褶皱修饰的裙身设计，令新娘的身姿婀娜动人。而鱼摆式的裙摆，展现出新娘飘逸动感的气质。此款礼服非常适合追求时尚而华丽的新娘选择。

其他礼服款式推荐

性感的抹胸和垂坠质感的裙摆时尚而简约，背后蝴蝶结的点缀又添几分俏丽。此款礼服适合身材比例较好并喜爱时尚简约风格的新娘。

时尚的单肩吊带设计性感而优雅，高腰包臀的设计能够呈现身材的曲线，使得新娘就如童话里的美人鱼般优雅婀娜。

经典的抹胸设计能够展现出新娘优美的颈部线条及肩部线条。收腰包臀的下摆鱼尾设计尽呈新娘婀娜的身材曲线。腰部的饰品则为原本单调的礼服增添了层次感与精致感。

154

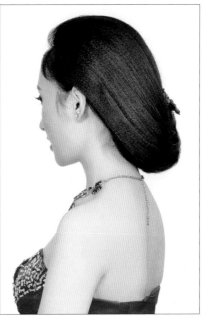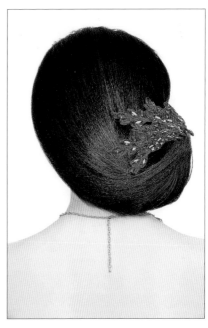

简洁婉约礼服发型

简洁的偏侧发髻盘发，优雅而婉约。饱满的发髻在颈部位置呈现，有效地修饰脸形。圆润、饱满的偏侧发髻搭配红色蕾丝珠花饰品，将新娘端庄、娴静的气质表现得淋漓尽致。

东方姿态礼服发型

此款发型运用了单一的拧转卷筒手法打造而成。光洁饱满的低发髻外翻盘发，结合外翻的刘海，再以别致的蝴蝶结头饰衬托层次，凸显了新娘高贵、简约的明星气质。

HAIRSTYLE

旗袍发型：静谧偏侧盘发

01 将刘海区的头发进行内扣烫卷。

02 将内扣烫卷的头发沿着发卷的纹理进行内扣拧包并固定。

03 将发尾以相同的手法进行操作。

04 将剩余的头发向右侧梳理干净，并下卡子将其固定。

05 将头发由左向右进行外翻拧包并固定。

06 将拧包的头发固定至右侧耳的上方。

07 将剩余的头发进行内扣烫卷。

08 将发尾沿着发卷的纹理拧转并固定，形成饱满的发髻。

09 发型完成。

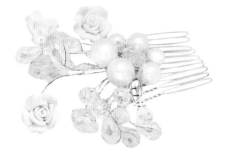

发型重点

此款发型运用了内扣烫发及拧包手法打造而成。内扣手法的盘发发型具有含蓄、复古的特点，偏侧饱满的发髻点缀素雅的珍珠头花，凸显了新娘清新雅致、内秀恬美的韵味。

DRESSING
午夜暗香飘然而至
选择适合自己的旗袍

明亮的黄色，不仅能展现新娘清新亮丽的风情，更能展现新娘的俏丽感。此款黄色旗袍，大面积的精致刺绣增添了新娘华丽、动人的气质。紧致修身的裙身，不仅令新娘婀娜妩媚的腰部曲线得以展现，还能优化新娘的腿部线条，使新娘显得更加婉约。此款旗袍非常适合追求时尚唯美的新娘选择。

其他旗袍款式推荐

琵琶领搭配不规则的三角形镂空的设计，既性感又不过于暴露，将东方女子的含蓄内敛很好地体现了出来。修身提臀的紧身设计则更加凸显了新娘古典优雅的韵味。

包肩的设计含蓄淳朴，高腰直筒式的裙摆将新娘的身材修饰得更加高挑。琵琶领搭配水滴洞的设计则凸显了新娘性感的气息。

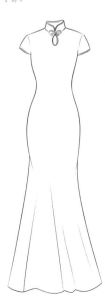

琵琶领搭配水滴洞的设计带有性感的韵味。高腰友贴身设计勾勒出新娘优美的身材曲线。小鱼尾的裙摆则增添了几分时尚与优雅。

悠然自若旗袍发型

层次鲜明的交叉拧包，精致圆润的编发轮廓，结合纹理清晰的刘海，再搭配素雅精美的珍珠头饰，整体发型将新娘仿佛带回了民国时期，凸显了新娘素雅、俏丽的独特气质。发型重点是刘海与偏侧发髻自然衔接，使发型轮廓融为一体。

神韵雅致旗袍盘发

此款发型运用了包发、拧包及三股编辫手法打造而成。圆润光洁的包发，轮廓饱满的后发髻盘发，结合精致的编发刘海，再点缀珠花头饰，使整体发型凸显出新娘清新脱俗、雅致恬静的气质。

BRIDE | 12
冷暖色调兼用

脸形特征

这位新娘脸形较圆，额部较宽，容易给人一种大脸的感觉。她的眼睛细长，没有神采，且眼部阴影较重。其额头与面部两侧的肤色明显不均匀。新娘整个面部轮廓缺乏立体感，五官量感较小，但其甜甜的酒窝是一大特色，使她看起来温婉而明艳。

新娘定位

结合新娘的脸形特点，将其塑造成一位时尚贵气而又不失温婉的新娘形象。

妆面重点

均匀肤色是一款妆容的首要任务。选择与新娘肤色相近的粉底，稍加提亮整体肤色。对于眼部妆容，用眼线液画出一条流畅而稍微厚重的眼线，将新娘细长的眼睛打造成大圆眼，无需使纤长的上睫毛更浓密，需将下睫毛用睫毛膏稍加点缀，以丰富眼部层次，打造眼部干净而清透的妆效。运用糖果色系的唇彩，塑造出明艳动人的美娇娘形象。

白纱妆容

粉色系的眼影很适合搭配白纱。整个裸色亚光底妆，运用了淡淡的桃红色，衬托出新娘的娇俏、温婉。稍微厚重的眼线，与桃红色和银色的眼影呼应。在上眼睑的眼角处与下眼睑的眼尾处添加桃红色，并用睫毛膏加重上、下睫毛，重点突出眼部效果，起到"缩脸"的作用。

礼服妆容

银灰色、淡蓝色、纯黑色，是这款妆容眼部的主要特征。运用这3种色彩在眼睑上的渐变晕染，使新娘的眼睛深邃、迷离。同样暖色系的腮红与发色遥相呼应，令人心潮澎湃。

旗袍妆容

如此热烈而纯正的红色，吸引人们的视线。欧式唇妆的画法与正红色珠光唇彩搭配，在细节中展现妆面的奔放与妩媚。加重修饰下睫毛，在眼部晕染咖啡色与褐色两种暖色调的眼影，让双眼看起来极具魅力。

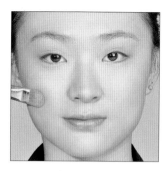

01 新娘的皮肤细腻光滑，所以只需用液状粉底进行打底即可。用大号粉底刷蘸取定妆粉，并进行局部定妆。

02 在整个眼窝处平铺并晕染白色珠光眼影，使后面叠加的眼影色彩更加饱和明亮。

03 蘸取粉色眼影，并在前眼窝处进行晕染。新娘的眼形属于上吊眼，可以通过色彩的轻重来调整眼形的比例。

04 贴近睫毛根部描画眼线，注意要前宽后窄，用眼线来进一步调整眼形。

05 贴近睫毛根部粘贴假睫毛，并用手指轻轻按压，使真假睫毛更加贴合、牢固。

06 蘸取粉色眼影，在下眼睑的眼尾处进行晕染，使其与上眼睑的眼影保持协调。

07 涂刷上下睫毛。

08 新娘眉形自然而立体，在此只需利用染眉膏涂刷眉毛，使眉毛根根分明且更具立体感。

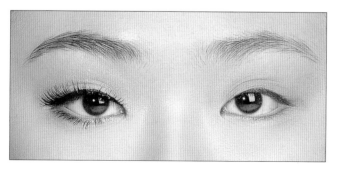

09 画眼妆前后对比效果。

10 在双颊以打圈的手法涂扫粉色腮红，以体现新娘俏丽、甜美的气质。

11 在双唇上涂抹淡淡的嫩粉色唇彩，使其与整体妆容协调即可。

HAIRSTYLE
白纱发型：行云流水波浪发

01 先将头发进行玉米烫处理，然后取中号电卷棒，将所有头发烫卷。

02 将左、右两侧的头发分别向后提拉，做拧包，收起并固定。

03 取后发区右侧的一束发片，向上提拉后拧转并固定。

04 将发尾做手打卷，收起并固定。

05 继续取后发区左侧的一束发片，以相同的手法进行操作。

06 将刘海区的头发根部打毛。

07 将打毛后的头发向后提拉，衔接并固定在后发区的发髻处。

08 在发卷处点缀珍珠发卡，以烘托发型的层次。

09 在前额处佩戴别致的珍珠头发，点缀发型。

发型重点

此款发型运用了玉米烫、烫发、拧包及手打卷手法打造而成。发型的重点是枕骨处发髻交接的位置要自然饱满，不可脱节。精致饱满的拧包盘发使新娘端庄而高贵，发尾飘逸浪漫的卷发为新娘增添了几分娇柔可人的气质。

DRESSING
轻纱曼舞的美妙
选择适合自己的婚纱

婚礼中的新娘充满无限的甜美与幸福。在这款婚纱中，单肩的设计让新娘散发出时尚的气息，精致的花边和亮钻烘托出新娘华丽高贵的气质；紧身的束腰设计，展现出新娘优雅迷人的身姿。装点着美丽蕾丝的裙身，配以轻薄飘逸的白纱，不仅可以遮掩新娘不完美的腿部线条，还能展现出新娘甜美、可人的气质。

其他婚纱款式推荐

吊带式的V领婚纱总能给人带来性感妩媚的想象，高束腰的设计能够提升新娘的气质，搭配蓬蓬裙设计，既有性感的元素，又带有俏丽可人的气息。

蕾丝加小碎钻组成挂脖式的衣领，带着性感与时尚的气息，结合束腰的紧身设计，搭配下摆蓬蓬裙，呈现出复古与现代结合的效果。此款婚纱适合身材较为丰满的新娘。

深V领结合收腰塑形的吊带设计，加上蓬松唯美的裙摆，瞬间让新娘成为全场的焦点，尽显其性感妖娆的华丽气质。

轻盈芭蕾白纱发型

饱满的发包、浪漫的卷发，不仅可以营造新娘的端庄高雅，还可以营造出浪漫纯真的气氛。此款发型在操作中需要注意卷发要到位，在拧转过程中要保证发丝纹理的干净，头顶的拧包需饱满、圆润而有型。

优雅气质白纱发型

对于脸形偏长的新娘来说，需要选择更为圆润饱满的发型，这样在视觉上可以使新娘的脸形更加协调。此款发型通过打造圆润的发髻，透露出新娘柔美恬静的一面。在打造发型时，需要保证发型的对称、协调。此款发型非常适合柔美端庄的新娘选择。

HAIRSTYLE

礼服发型：丝滑外翻盘发

01 对所有的头发进行烫卷处理。

02 分出刘海区的头发，将其做内扣拧包，收起并固定。

03 将顶发区的头发向后梳理干净。

04 将梳理干净的头发做饱满的拧包，收起并固定于后发区。

05 将剩余的头发分出两股发片，将第一束发片做卷筒，收起并固定。

06 将第二束发片做卷筒，收起并与第一个卷筒衔接后固定。

07 在后发区佩戴珠花，点缀发型。

08 在刘海区与顶发区的分界处佩戴皇冠头饰，烘托出发型的层次感。

09 发型完成。

发型重点

此款发型运用了烫发、拧包及卷筒手法打造而成。内扣的卷筒刘海及后发区的卷筒发髻都极其复古，高耸饱满的拧包更是提升了新娘的高贵气质，再搭配精致的皇冠头饰，尽显新娘复古、婉约的优雅气质。

DRESSING
精致与美丽的较量
选择适合自己的礼服

华丽高雅的礼服能使新娘在宴席中光彩夺目。这款礼服采用了经典的抹胸设计，完美地凸显了新娘柔美的颈部线条。亮钻配以精致的花纹，展示出新娘华丽、尊贵的气质。修身的裙身设计加以亮片，不仅能展现新娘优雅动人的身姿，更能将新娘典雅、高贵的气质展现得淋漓尽致。此款礼服非常适合追求高贵华丽的新娘选择。

其他礼服款式推荐

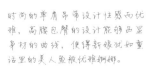
经典的抹胸结合束腰包臀的设计，加上腰部蝴蝶结的点缀，既能衬显新娘曼妙的身姿又添了几分俏丽与甜美。小鱼尾的裙摆设计优雅而婉约。

时尚的单肩吊带设计性感而优雅，高腰包臀的设计能够凸显身材的曲线，使得新娘犹如童话里的美人鱼般优雅婀娜。

高腰的抹胸设计点缀以堆砌的褶皱饰品，使得胸部更加绝满。此款礼服适合身材偏瘦的新娘。

168

花之物语礼服发型

内扣的发型温婉、甜美，而且能够巧妙地修饰脸形，是现今非常流行的发型之一。用内扣叠加的操作手法打造出复古婉约的独特气质，偏侧而凌乱有序的卷发纹理，浪漫而妩媚。发型的重点是需掌握头发的分区，精准的头发分区决定了发型轮廓的构架，另外，发片表面的光洁也是打造发型的关键。

璀璨光芒礼服发型

偏侧的发髻，利用手打卷手法打造的发卷搭配珍珠饰品，呈现出复古雅致的韵味。巧妙地利用头饰来修饰偏大的额头。整体发型体现出了新娘唯美复古的气质。

HAIRSTYLE

旗袍发型：祥云盘扣盘发

01 将刘海分出3股发片，将第一束发片贴合耳上方做手打卷，收起并固定。

02 将其余两束发片依次做手打卷，叠加摆放并固定。

03 将后发区的头发梳理干净，并做拧绳处理。

04 将拧绳向右侧耳后方提拉，拧转并固定。

05 将左侧区的头发向上提拉，做拧包，收起并固定。

06 将发尾做手打卷并收起，衔接固定在右侧耳上方。

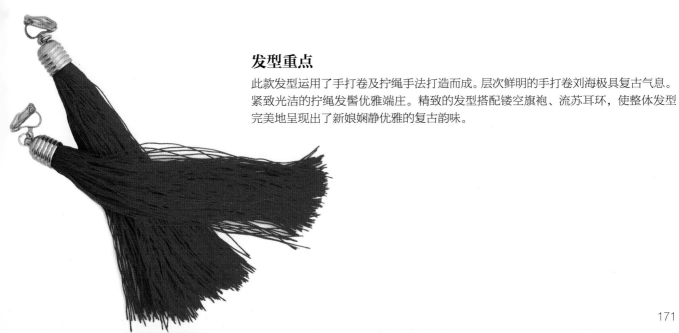

发型重点

此款发型运用了手打卷及拧绳手法打造而成。层次鲜明的手打卷刘海极具复古气息。紧致光洁的拧绳发髻优雅端庄。精致的发型搭配镂空旗袍、流苏耳环，使整体发型完美地呈现出了新娘娴静优雅的复古韵味。

DRESSING

诗韵古雅的气质
选择适合自己的旗袍

历史沉淀下传统而经典的旗袍，加以符合现代审美的元素，是很多追求时尚的新娘的不二选择。这款旗袍精致镂空的蕾丝，不仅能很好地展示新娘优雅的气质，更增添了几分传统的温婉唯美。精美的刺绣，使新娘更为华丽高雅。轻薄垂顺的裙身设计，不仅可以遮盖新娘不完美的腿部线条，还增添了些许浪漫的气息。

其他旗袍款式推荐

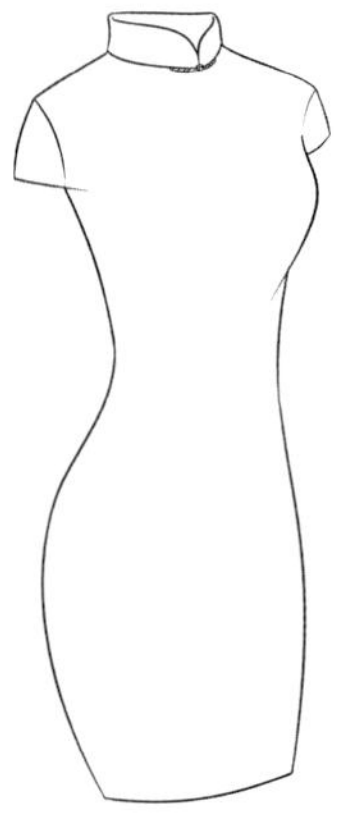

此款旗袍为传统的经典款式。高领口结合收腰紧臀的贴身设计，凸显了新娘的S形身材曲线。

翻领的领口结合传统精致的盘扣，端庄而雅致，搭配下半身的齐地百褶裙，呈现出新娘的青春靓丽。

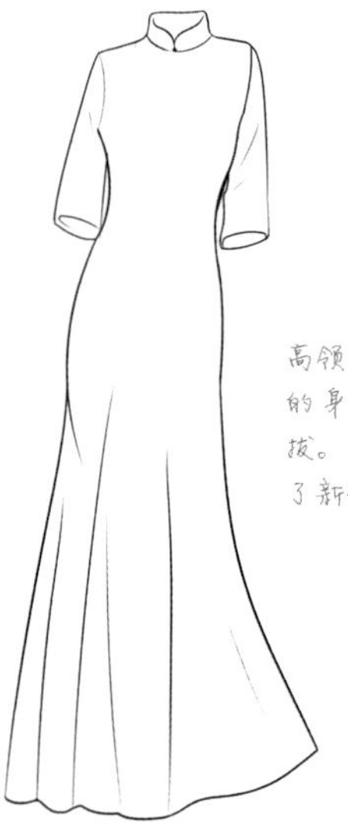

高领口及高腰设计，将新娘的身材比例修饰得高挑挺拔。齐地的褶皱裙摆则凸显了新娘优雅的女人韵味。

明媚小卷旗袍发型

此款发型运用了交叉拧包及烫发手法打造而成。光洁而有层次的交叉拧包体现了新娘端庄唯美的气质，再搭配发尾的发卷，极好地为发型增添了几分妩媚。发型的重点是后发区交叉拧包的发片要均匀，同时将碎发整理干净。

神韵手推波纹旗袍发型

此款发型运用了精致的手推波纹结合手打卷手法打造而成。发型的重点是掌握手推波纹的操作手法。在操作手推波纹时，要将发片梳理干净，以前后推送的手法来打造波浪纹理。发尾要与边缘发髻自然衔接。

BRIDE | 13

可爱电眼娃娃

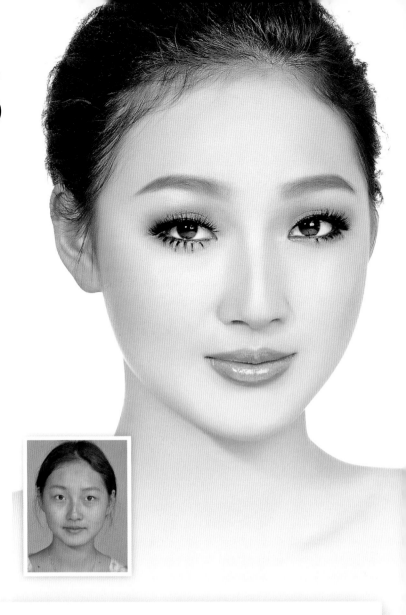

脸形特征

这位新娘的脸形属于典型的圆脸形，额头较宽且开阔，两侧的颧骨距离较宽，眼睛狭长，内双较为严重，眼部阴影稍重，此外，眉毛没有对称感，鼻翼较宽。但新娘的五官结合在一起后明显有一种减龄的效果，符合娃娃脸的形象。

新娘定位

根据新娘的脸圆形及娃娃脸的特质，将其打造成电眼美女的形象。

妆面重点

用亮色眼线笔加深眼尾并稍微拉长，在下眼睑用相近色的亮色打亮，使眼部层次感丰富，然后配合半幅浓密型假下睫毛，再搭配粉橘色的腮红，可爱的洋娃娃妆就此诞生。在鼻翼、两颊和脸周轻轻扫上深色修容粉，最后在 T 字区扫上浅色提亮粉，以呈现出更为立体的五官。

白纱妆容

电眼娃娃的眼妆，在眼尾处加深、加重黑色眼影，增大眼部效果。粉色唇妆在清澈裸色底妆的衬托下，显现出青春、美丽的形象。白色的花纹头饰、玉米烫的发丝，展现出新娘纯美的形象。

礼服妆容

亚光色的底妆和具有光泽感的红唇形成对比，让妆容显得更有层次感。棕黑色小烟熏眼妆和浓密的放射状睫毛，"电力"十足。青春就是最好的资本，在这样年轻的脸庞上，你的张扬你做主。

旗袍妆容

加长下睫毛的长度与浓密度，将下眼尾处用棕色与黑色晕染出烟熏感，再次放大双眼，展现出更加神奇的妆效，营造出可爱而兼具气质的美感。闪亮桃红色唇蜜，在整个妆面上突出一丝俏皮与活泼。

01 为使眼部结构更加立体深邃，用棕色眼影贴近睫毛根部并向上进行渐层晕染至眼窝边缘。

02 贴近下睫毛根部晕染相同色系的眼影，使上下眼影自然地融为一体。

03 蘸取亚光黑色眼影，贴近睫毛根部晕染上眼睑后1/3位置，并将眼尾向后延伸，以拉长眼形。下眼睑以相同的手法进行操作。

04 取质地柔软的黑色眼线笔，对下睫毛根部进行描画填充。

05 继续使用质地柔软的黑色眼线笔描画填充上眼线，使眼部轮廓及眼形更为标准。

06 取浓密型假睫毛，贴近真睫毛的根部粘贴。

07 将假睫毛修剪成一束束的单根假睫毛，并由下眼睑的眼尾处开始，向内以单根进行粘贴。

08 取眉刷蘸取棕色眉粉，并描画出高挑、自然的眉形。

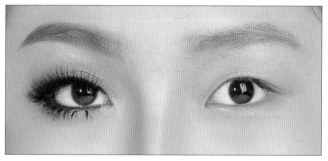

09 眼妆完成前后的对比效果。

10 新娘的脸形属于圆形脸，为使其面部更加立体，在涂抹腮红时，应从太阳穴下方斜向轻扫至苹果肌处。

11 用淡粉色的唇漆勾画出丰盈饱满的双唇。

HAIRSTYLE
白纱发型：对称扭转盘发

01 将顶发区的头发根部做打毛处理，并将其向后梳理干净。

02 在左侧取一股头发，向后做拧绳并收起。

03 在右侧取一股头发以相同的手法操作，并将两个拧绳交叉并固定在枕骨处。

04 在后发区左侧取一股头发，向右侧提拉并拧绳，收起并固定。

05 在右侧取一股头发，以相同的手法操作。

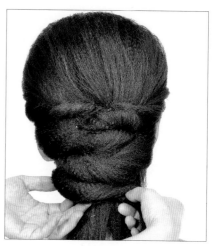

06 继续以相同的手法操作。

07 将剩余的发尾做拧绳处理，向内收起并固定。

08 在后发区佩戴珠花，以点缀发型。

09 在前额处佩戴并固定上精致的蕾丝头饰。

发型重点

此款发型运用了单一的拧绳手法打造而成。发型的重点是精致、光洁。顶发区的包发要圆润而饱满。层次鲜明的拧绳盘发使得后发区的发髻精致有型，前额处佩戴的蕾丝头饰不仅起到修饰额头的作用，同时还使得整体发型更加雅致清新。

DRESSING
无与伦比的气质新娘
选择适合自己的婚纱

时尚创新从未停止过。这款婚纱别出心裁地采用了单肩设计，再配以精致的花纹珍珠，令新娘高贵华丽且时尚大方。蓬裙不仅可以遮掩一些新娘不完美的身材曲线，还可以突出新娘婉约甜美的特点。此款婚纱时尚新颖且吸取了传统婚纱设计中唯美温馨的元素，非常适合追求时尚甜美的新娘选择。

其他婚纱款式推荐

吊带式的V领婚纱总能给人带来性感妩媚的想象，高束腰的设计能够提升新娘的气质，搭配蓬蓬裙设计，既有性感的元素，又带有俏丽可人的气息。

精致梦幻的齐地婚纱极具层次感，透气又大方。腰身的优美弧度加上后面的绑带设计，带有浓浓的公主情结。偏侧的吊带搭配精致的花朵，在简约中融入了几分精致与俏丽。

时尚而复古的一字肩设计加上超大的裙摆，展现了新娘的女神气质。高束腰设计能够勾勒出迷人的腰线，蓬裙的设计则有助于遮挡不完美的身材曲线，使新娘显得高贵而甜美。

阳光花语白纱发型

此款发型适合圆形脸或方形脸的新娘。外翻拧包刘海及顶发区饱满的发包，能很好地拉长脸形。刘海的高低可根据新娘脸形的特点来控制。后发区编发轮廓要圆润，在续发时，发辫要根据头部轮廓的走向来改变发辫提拉的高度与松紧度。

仙境美艳白纱发型

此款发型运用了极为简单的内扣拧包、拧绳及外翻拧转手法打造而成。发型的重点是内扣刘海表面要干净，后发区外翻拧转的发片分配要均等，碎发处理要干净。圆润的发型轮廓凸显新娘柔美的气质，别致的珠花点缀，尽显新娘婉约甜美的气质。

HAIRSTYLE
礼服发型 舞金公主盘发

01 将顶发区的头发做高耸拧包，收起并固定。

02 在左侧耳后方取一束发片，并将其分成3股，做三股单边续发编辫。

03 由左向右进行三股单边续发编辫。

04 将头发编至发尾，并将发尾向枕骨处提拉并固定。

05 将多余的发尾向内收起并固定。

06 将红色花边头饰点缀在后发区。

发型重点

此款发型运用了拧包、三股单边续发编辫手法打造而形成。高耸饱满的拧包有助于提升新娘的气质，并且能够拉长脸形。后发区圆润精致的编发，点缀喜庆娇艳的红色头花，整体发型尽显新娘婉约甜美的气质。

DRESSING
优雅的时尚旋律
选择适合自己的礼服

红色的礼服，让人联想到的不仅仅是喜庆，还有温馨。这款红色的礼服，采用了经典的抹胸设计，凸显了新娘迷人的颈部曲线，精致的蕾丝玫瑰花，显示出新娘华贵高雅的气质。层层轻薄的纱，更展现出新娘无与伦比的优雅与妩媚。此款婚纱非常适合喜欢华贵妩媚的新娘选择。

其他礼服款式推荐

上身以褶皱结合蝴蝶结设计，使胸部更加饱满；裙摆以不规则的手法进行层叠设计，让礼服更具层次感。此款礼服适合胸部扁平及身材曲线不够完美的新娘。

性感的抹胸和垂坠质感的裙摆时尚而简约，背后蝴蝶结的点缀又添几分俏丽。此款礼服适合身材比例较好并喜爱时尚简约风格的新娘。

经典的深V领礼服性感而妩媚，腰带式的腰部设计勾勒出新娘高挑优雅的身姿。此款礼服适合胸部曲线较好但腰部及腿部曲线不够完美的新娘。

媚红娇态礼服发型

高耸饱满的偏侧发型，优雅而从容。偏侧的发髻不仅可以使新娘的面部显小，还能凸显新娘娴静优雅的女神气质。操作时，需注意发根根部的打毛处理，发型轮廓表面要光洁、饱满。

量感堆积礼服发型

简洁大气的单包，结合个性的旋涡刘海，再通过红色珠花的点缀，整体发型尽显新娘时尚独特的气质。发型的重点需掌握后发区单包提拉的角度要大于90°，旋涡刘海在塑形时需将头发根部做打毛处理，以顺时针的方向调整旋涡刘海的纹理与线条。

HAIRSTYLE
旗袍发型：缠绵浪漫盘发

01 将刘海区的头发做三股编辫至发尾，再将发辫对折后下卡子固定在前额处。

02 取右侧的头发，由上向下进行三股单边续发编辫至右侧耳前方，然后将发辫尾端对折。

03 下卡子将对折后的发辫衔接并固定在刘海发辫处。

04 取左侧的头发，向后进行三股续发编辫。

05 编至发尾，将发辫向上提拉，衔接并固定在右侧耳上方。

06 在刘海分区线处佩戴并固定精美头饰。

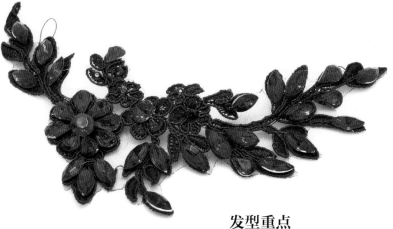

发型重点

此款发型运用了三股编辫及三股续发编辫手法打造而成。精致的刘海编发总能很好地体现出新娘俏丽恬静的气质。操作上需掌握发辫与发辫之间的自然衔接，以及发辫的蓬松感。

DRESSING
古典与朋克的火花
选择适合自己的旗袍

很多新娘担心传统元素的服装会使人老气，其实不然，这款时尚与传统融合的旗袍，上半身采用了传统的中国元素，精致的刺绣花纹与排扣，散发出新娘优雅的气息。裙身部分是轻薄的红色纱裙，营造出新娘浪漫唯美的气质。此款旗袍适合追求时尚与现代、传统与经典的新娘选择。

其他旗袍款式推荐

一款改良版的俏丽旗袍，传统袍领口搭配及膝的裙摆，非常适合身材娇小的新娘。泡泡袖及蝴蝶结可爱元素则凸显了新娘俏丽甜美的气息。

这是一款融入礼服元素的改良旗袍。经典的抹胸设计将新娘的肩颈部线条完美呈现。精致的绣花单肩吊带则显得别致优雅。

翻领的领口结合传统精致的盘扣，端庄而雅致，搭配下半身的落地百褶裙，呈现出了新娘的青春靓丽。

  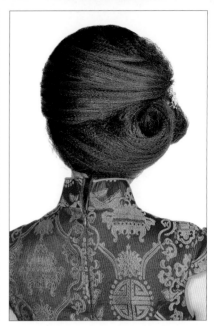

感性完美旗袍发型

此款发型以叠加拧包的手法打造而成。圆润的偏侧包发，搭配蝴蝶尾翼似的刘海，精致而俏丽，发包处点缀精致的蝴蝶状头饰，使得发型更加灵动雅致。

柔美流线型旗袍发型

此款发型运用了单一的斜向卷筒拧包手法打造而成。饱满的顶发区结合偏侧外翻的发髻，通过红色头饰的点缀，整体发型尽显新娘含蓄内秀、甜美时尚的风格。

BRIDE | 14
雅致的轻熟女

脸形特征

这位新娘不是第一眼美女类型。新娘外形轮廓较为圆润，额头较为开阔；两眼距离较大，且眼睛较小，显得无精打采；鼻翼两侧较宽，鼻梁较矮，五官立体感较差。但新娘的肤色较为均匀，肤质较好，可塑性强。

新娘定位

结合新娘的脸形特点，将她打造成具有成熟风韵的新娘，重点突出其高贵大气的女性形象。

妆面重点

此款妆容干净清透，突出一股成熟女人的风韵之美。睫毛部分，无需使用过长的假睫毛来强调眼部的神采，将睫毛夹翘后，用睫毛膏刷出根根分明的效果，将下睫毛同样打造出分明感。任何妆容都离不开立体修容，在鼻翼、两颊和脸周轻扫深色的修容粉，最后在面部中央区域扫上浅色提亮粉，使五官更加立体。在唇妆部分选用糖果色系亮色唇彩，凸显新娘优雅的气质。

白纱妆容

以香槟色眼影晕染上眼睑和下眼尾，刷涂出根根分明的睫毛。将下眼睑用亮色眼影粉，激活整体妆容的气氛。深色眼影，加长眼尾及橘色腮红都给人成熟的感觉，橘色腮红刷于颧骨下方，增强脸部轮廓且提升新娘的成熟气质，再打造出水嫩粉唇，展现新娘轻熟女的气质。

礼服妆容

上下眼线勾勒出眼部轮廓，使大眼效果倍增，眼睛更有神采。用棕色和黑色眼影为新娘打造出拉长眼尾的厚重眼妆，浓密的扇形睫毛，在风韵与成熟的妆容中突出了新娘妩媚的气质。

旗袍妆容

为新娘换上红唇，让我们感受到热烈与甜蜜。将棕色眼影轻轻晕染在上眼睑的眼尾处，起到增加眼睛深邃感的作用，橘红色腮红的大面积使用与精致无瑕的完美底妆融合得恰到好处。

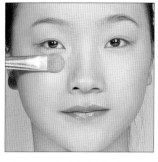

01 在选择粉底时，只需挑选与新娘肤色相近的粉底即可，这里选择了乳状的粉底，利用海绵以滚压的手法进行打底。用大号眼影刷蘸取定妆粉，细致地对面部做定妆处理，尤其眼部周围的底妆一定要定实。

02 选择棕色眼影，利用扁平的长形眼影刷头竖向地在鼻根两侧扫出立体的鼻侧影，同时修饰过大的鼻翼。

03 选择棕色亚光眼影，在整个眼窝处以渐层的手法进行晕染过渡，使睫毛根部的颜色重些。

04 为了使眼部结构更加立体，在眉骨处用白色珠光眼影进行晕染，不仅可以提亮眉骨，还可以将眼窝边缘的眼影晕染得更加自然、柔和。

05 贴近睫毛根部勾画精致拉长的眼线。眼尾要略微上扬，拉长上扬的眼线不仅可以改变眼形，同时也可使双眼更加妩媚。

06 将睫毛夹翘后，贴近睫毛根部粘贴上假睫毛，利用睫毛的扩张力来体现大眼效果。选择浓密拉长型睫毛膏，将上下睫毛进行涂刷。

07 新娘自身的双眼皮褶皱过于窄、短，同时前眼角有些闭合，修剪出合适的美目贴，并粘贴在原有的双眼皮褶皱线上，以调整双眼皮的宽度及整个眼形。

08 为使眼线不过于生硬，可用小号眼影刷晕染眼线的边缘，使眼线更加柔和、自然。

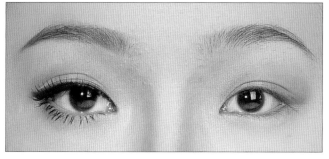

09 眼妆完成前后的对比效果。

10 由太阳穴下方起笔，向苹果肌处延伸，斜向扫出自然的肉色腮红。

11 选择淡粉色的唇漆，描画双唇，唇妆要饱满丰盈，边缘要干净。

HAIRSTYLE

白纱发型：韩式清新盘发

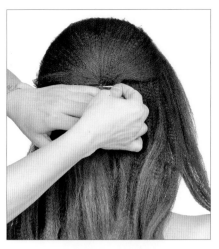

01 将顶发区的头发做包发，收起并固定。

02 在左侧取一股头发，向枕骨处提拉，拧转并固定。

03 将发尾继续拧转并固定。

04 将另一侧采用同样的手法操作。

05 取后发区左侧的头发，向右拧转并固定。

06 继续以相同的手法操作至发尾。

07 将右侧的刘海向后提拉，将发尾做手打卷，收起并固定。

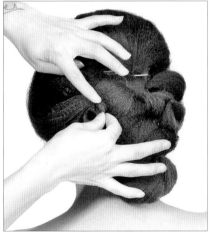

08 将左侧的刘海以相同的手法进行操作。

09 在后发区枕骨处佩戴固定珍珠头花，以点缀发型。

发型重点

此款发型运用了包发、拧包及手打卷手法打造而成。层次鲜明的后发髻盘发，中分的刘海分区典雅而高贵，结合高耸饱满的顶发区包发，提升新娘的气质。搭配闪亮的钻饰皇冠，凸显了新娘时尚优雅、高贵大方的气质。

DRESSING
清新与性感的交织
选择适合自己的婚纱

有很多新娘都喜欢拖尾的婚纱，如梦如幻，浪漫优雅。本款婚纱中，经典的抹胸能凸显新娘优雅的颈部曲线，经典的蕾丝花边配以亮钻，衬托新娘华贵迷人的气质。轻薄的拖尾裙摆，不仅可以体现新娘修长的腿部线条及婀娜的身材曲线，更加增添了几分性感与优美。本款婚纱非常适合追求华贵浪漫的新娘选择。

其他婚纱款式推荐

双肩鱼尾设计的拖尾极其肩尖感，束腰紧身的抹胸结合背部捆绑式的设计便于穿戴。此款婚纱适合追求精致且身材较好的新娘。

优雅清新的蝴蝶结作为腰部的花边装饰，成为全场的亮点。下摆的鱼尾设计大气而华丽。塑体服装使新娘呈现出肩挺、高贵的王妃气质。

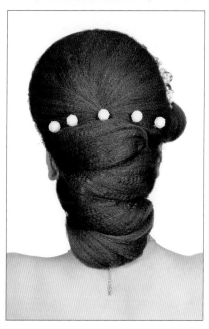

重叠质感白纱发型

此款发型对于脸形偏圆及额头偏大的新娘是极佳的选择。高耸饱满的包发不仅能起到拉长脸形的作用，同时还能很好地提升新娘的气质。发型重点需注意顶发区包发的圆润饱满，以及后发区发片的层次与光洁。此款发型适合喜爱简洁、高贵的新娘。

发辫圆髻白纱发型

一款高贵雅致的韩式发型，通过包发及编发手法打造而成。通过巧妙地佩戴饰品，不仅能展现发型的美感，同时还起到修饰新娘脸形的作用。发型重点在于顶发区包发与后发区发辫的处理，后发区发辫要进行有弧度的编发处理，使其呈现半圆状，与顶发区的包发形成一个圆润的轮廓。

HAIRSTYLE

礼服发型：金丝盘旋盘发

01 将刘海分为上下两束发片，并将上下发片交叉并固定。

02 取右侧的一束发片，将刘海下发片与其交叉并固定。

03 将右侧的发片向耳后拧转，收起并固定。

04 将左侧的头发向后拧转并收起。

05 将剩余的头发继续向上外翻后拧转，收起并固定。

06 将发尾收起，藏好并固定。

发型重点

此款发型运用了交叉拧包及外翻拧转的手法打造而成。重点在于塑造交叉刘海的纹理，层次鲜明是此刘海的特点，后发区做外翻拧包要圆润饱满且干净。复古式的刘海，通过精致的钻饰发卡点缀，凸显了新娘妖娆妩媚的气质。

DRESSING
绚烂华尔兹
选择适合自己的礼服

一抹亮丽的黄色是宴席中一道亮丽的风景。此款黄色的礼服，通过经典的吊带凸显新娘的颈部曲线。黄色亮钻的点缀，使得礼服更为华丽。褶皱的加入，令礼服更具层次感。紧身的腰部设计，让新娘婀娜的身姿得以展现。此款婚纱非常适合追求时尚个性的新娘选择。

其他礼服款式推荐

深V镂空的设计能够凸显丰满的胸部，高腰包臀的设计尽显婀娜曼妙的身姿，搭配小拖尾的裙摆，更加性感优雅。

经典的抹胸结合束腰包臀的设计，加上腰部蝴蝶结的点缀，既能凸显新娘曼妙的身姿又添了几分俏丽与甜美。小鱼尾的裙摆设计优雅而婉约。

时尚的单肩吊带设计性感而优雅，高腰包臀的设计能够凸显身材的曲线，使得新娘犹如童话里的美人鱼般优雅婀娜。

高贵华丽礼服发型

简洁的单包盘发，结合高耸饱满的顶发区发包，使发型时尚而贵气。发型的重点需掌握后发区的单包发片向上提拉的角度要大于90°，顶发区的发包表面要干净，轮廓要饱满圆润，同时要与后发区的单包形成自然衔接的状态。

雍容花朵礼服发型

此款发型运用了拧包及拧绳续发手法打造而成。发型重点需注意发区的精致分区，发片根部打毛的处理，以及发区与发区之间的衔接固定，发型轮廓要清晰、层次要鲜明。层叠饱满的盘发，搭配前额左侧的头饰，尽显新娘高贵、复古的气质。

HAIRSTYLE

旗袍发型：珠光亮彩盘发

01 将顶发区的头发由上向下做拧包，收起并固定。

02 将后发区的头发由下向上做拧包，收起并固定。

03 将上下两个拧包下暗卡进行衔接并固定。

04 将发尾做卷筒，收起并固定。

05 将刘海分为上下两束发片。

06 将下发片做外翻拧转并固定。

07 将上发片叠加在下发片之上，做外翻拧转并固定。

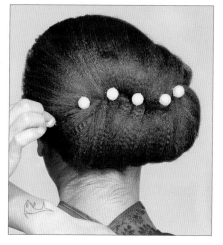

08 在后发髻及刘海处点缀珍珠头饰。

发型重点

此款发型运用了拧包及外翻拧转的手法打造而成。发型重点需掌握后发区上下拧包的饱满及衔接，富有层次感的外翻刘海是整个发型的点睛之处，操作时，需将上下发片分配均等。端庄的盘发、优雅的外翻刘海，通过珍珠饰品的点缀，整体发型尽显新娘古典端庄的气质。

DRESSING
光芒下的含蓄
选择适合自己的旗袍

时尚的婚礼，一定不能缺少充满时尚与传统结合的中式旗袍的点缀。这款旗袍，通过镂空的薄纱，展现新娘迷人的身姿，而分层的裙身设计，时尚又不失传统、精致。镂空配上精致的蕾丝花纹，烘托出新娘时尚婉约的气质。此款旗袍非常适合喜爱时尚与传统元素的新娘选择。

其他旗袍款式推荐

一款改良版的俏丽旗袍，传统袍领口搭配及膝的裙摆，非常适合身材娇小的新娘。泡泡袖及蝴蝶结可爱元素则更显了新娘俏丽甜美的气息。

翻领的领口结合传统精致的盘扣，端庄而雅致，搭配下半身的齐地百褶裙，呈现出新娘的青春靓丽。

高领口及高腰设计，将新娘的身材比例修饰得高挑挺拔。齐地的褶皱裙摆则更呈了新娘优雅的女人韵味。

精致纹理旗袍发型

此款发型运用了三股编发及拧转手法打造而成。饱满精致的后发髻是整个发型关键，在操作时，每股发片的表面要干净，同时发片拧转提拉的角度要沿着后发际的轮廓走向，使后发髻形成一个圆润的半圆状弧度。为使发髻牢固，每股发片拧转后都需固定在后发区的发辫上。

典雅华贵旗袍发型

此款造型主要体现后发区发髻的精致感，以及整体发型的饱满度。顶发区的拧包高耸饱满，能很好地修饰新娘的脸形，婉约的内扣式刘海为原本呆板的盘发增添了几分妩媚的韵味。

BRIDE 15

复古华丽新娘

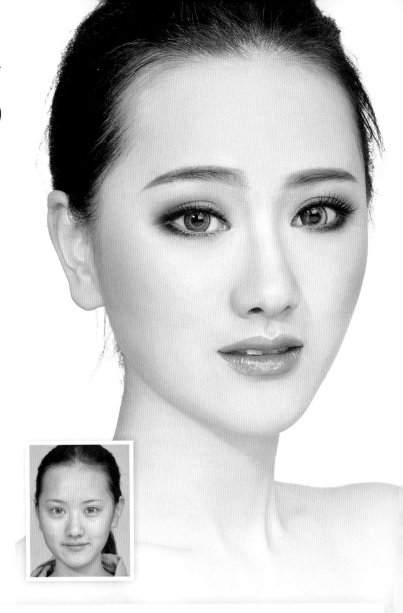

脸形特征

这位新娘的额头较宽，肤色不均且肤质较差，有明显痘印，眼部阴影较重，眼袋较大，但其却是小脸女生的代表，标准的鹅蛋脸。新娘的五官细腻清秀且充满青春感，眼睛较大，双眼皮较深，脸部线条较为立体，外形轮廓量感较小，适合各种造型的塑造。

新娘定位

由于新娘较强的可塑性，可将其打造成复古华丽的柔美形象。

妆面重点

眼部是整个妆容的重点。不必加长眼线，只在眼部外轮廓将黑色眼线描画至眼尾，并用烟灰色、金咖啡色眼影过渡晕染，将双眼塑造成更多层次的亮眼效果，使双眼显得朦胧深邃，复古而充满华丽感。用睫毛膏画出卷翘浓黑的出色眼妆。整个眼部，眼线与眼影自然融合，浑然天成。桃红色的唇妆流露出一丝青春的味道。小面积的粉色颊彩更是平添了些许妩媚感。

白纱妆容

此款妆容与白纱搭配，清透干净的裸色底妆，成为众多造型师的选择。在裸色底妆上，用深色腮红轻扫鼻梁两侧，凸显出更加立体的五官。烟灰色、金咖啡色、桃红色和橘色等色彩的运用，让整个妆面散发出华丽的气息。

礼服妆容

继续将眼部妆容作为焦点，用金咖啡色的眼影晕染眼睑，展现轻薄的质感和微微的珠光，浓重的复古气息扑面而来。下眼睑附近朦胧的黑色眼影是此款妆容的一大特点，不仅增大眼睛，还能更好地突出妆容的华丽。

旗袍妆容

红色系眼影，不但起到改变眼形的作用，还让眼睛更有神采，同时搭配白色珠光眼影，使得眼部呈现出多层次的美感。用黑色眼线笔描画眼睛轮廓，并在眼尾处稍微上扬，呼应复古式盘发，使妆容别具中国式浪漫。

01 选择乳状粉底，用粉扑以滚压的手法进行打底。将痘印用遮瑕膏进行局部遮瑕。

02 为强调面部结构的立体感，选择了3种不同颜色的粉底处理底妆。在下颚骨及颧骨边缘用比原肤色深一号的粉底做暗影。暗影与正常肤色边缘要柔和过渡。

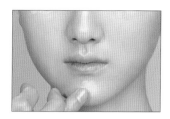

03 在额头、鼻梁、下眼睑及下巴处，用比原肤色浅一号的粉底进行提亮。为使皮肤呈现更佳的质感，可选择珠光定妆粉进行定妆。

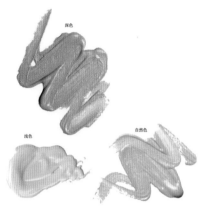

04 用棕色亚光眼影在两侧鼻根处塑造鼻侧影，使鼻梁更挺拔、立体。

05 在眼窝处用红豆沙色眼影做渐层晕染。

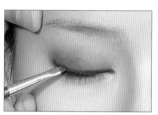

06 将眼窝边缘用米色眼影进行过渡晕染。

07 下眼睑同样用红豆沙色眼影贴近睫毛根部进行晕染过渡，使上下眼影自然融为一体。

08 提拉眼皮，将黑色眼线笔贴近睫毛根部进行描画。

09 将下眼睑的后2/3处用黑色眼线笔进行描画，以使眼睛显得更大。

10 取小号眼影刷，将上下眼线进行晕染过渡。

11 夹翘睫毛后，贴近睫毛根部粘贴自然浓密的假睫毛。

12 将下睫毛涂刷出根根分明的效果。

13 蘸取棕色眉粉，由眉峰处起笔，勾画出时尚的一字眉形。

14 为使眉形更加立体，用黑色染眉膏涂刷（如果没有染眉膏，可用睫毛膏代替，在刷之前需将刷头多余的膏状物清理干净，否则眉毛会有结块的现象）。

15 以颧骨处起笔，斜向地扫出腮红。这样的手法可使面部的结构更加立体，同时也能与暗影自然地衔接。

16 用芭比粉唇膏将双唇勾勒出饱满、性感的唇形。

HAIRSTYLE
白纱发型：朦胧清丽盘发

01 将顶发区做包发，收起并固定。

02 将后发区剩余的头发做卷筒并收起。

03 将剩余的发尾由右向上做卷筒，收起并固定。

04 将刘海区的头发梳理干净，向前推送并固定。

05 将发尾向后提拉，拧转并固定至后发髻处。

06 在后发髻处佩戴并固定珍珠头花，以点缀发型。

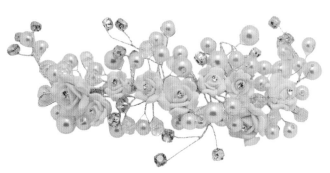

发型重点

此款发型运用了拧包、卷筒及拧转手法打造而成。高耸圆润的刘海是此款发型的关键之处。圆润大气的卷筒盘发，复古而端庄，通过精美的饰品点缀，整体发型凸显了新娘复古迷人的气质。

DRESSING
素雅清澈的柔美
选择适合自己的婚纱

白色，给人以纯洁沉静之美。此款白色旗袍款婚纱，大面积地使用了精致的蕾丝，令整件衣服充满了精致高雅的魅力。而鱼摆式的裙尾，更是让新娘的身材婀娜多姿，亭亭玉立。多数人认为，旗袍红色最好，其实不然，白色的旗袍婚纱更能展现新娘的纯洁，而精致的蕾丝亦能使新娘精致妩媚。此款婚纱适合追求时尚个性，清纯高雅的新娘选择。

其他婚纱款式推荐

奢华鱼尾设计浪漫优雅，结合
性感的深V领，营造出高雅的时
尚感，让新娘集高贵与精致于
一身。

圆领低V的领口结合优雅端庄
的包肩设计，适合肩部偏宽的
新娘。高腰包臀的设计则能够
勾勒出S形曲线，与小鱼尾的裙
摆设计搭配更显优雅。

心形领口结合包肩设计，加上
紧身束腰，尽显新娘婀娜的身
姿，搭配鱼尾式的蓬裙，让新
娘就如童话中的美人鱼般迷人。

盘旋发辫白纱发型

此款发型运用了常用的韩式编发手法打造而成。偏侧的发髻使新娘温婉端庄，纹理清晰的精致发辫搭配别致的珠花，尽显新娘简洁、优雅的气质。

小家碧玉白纱发型

此款发型运用了单边续发编辫，结合拧包卷筒手法组合打造而成，其重点是左右发辫的粗细要均等，左右发辫要精致。后发区的卷筒要光洁、圆润。精致的双扣式刘海编发，简洁的卷筒拧包盘发，再搭配珠花头饰，将新娘甜美俏丽的气质展现得淋漓尽致。

HAIRSTYLE

礼服发型：摇曳生姿盘发

01 将刘海区的头发用中号电卷棒外翻烫卷，并将其沿着发卷的纹理整理出轮廓及弧度。

02 将发卷固定在右侧耳上方。

03 将发尾做手打卷，收起并固定。

04 将后发区的头发做单包，收起并固定。

05 将发尾分出数股发片，将第一束发片向前拧转并固定。

06 将发尾以同样的手法继续操作。

07 将分出的第二束发片向前提拉，拧转并固定。

08 将剩余的头发向右侧耳后方提拉，拧转并固定。

09 将发尾向内收起，固定并藏好。

发型重点

此款发型运用了烫发、拧包及单包手法打造而成。端庄光洁的单包盘发，结合纹理清晰的外翻刘海，并点缀个性的布艺头饰，整体发型凸显了新娘的高贵、俏丽。

DRESSING
灯红酒绿的舞池倩影
选择适合自己的礼服

时尚唯美的礼服是许多新娘内心的渴求，此款礼服，利用经典的抹胸设计很好地展现新娘迷人的颈部线条；全裙耀眼的金色亮片，使得新娘更加高贵时尚；飘逸动感的裙带，令礼服显得更加与众不同。迷你的裙摆也使新娘更加俏丽、可爱。此款礼服适合追求时尚动感的新娘选择。

其他礼服款式推荐

性感的抹胸和垂坠质感的裙摆时尚而简约，背后蝴蝶结的点缀又添几分俏丽。此款礼服适合身材比例较好并喜爱时尚简约风格的新娘。

外翻领口的设计独特，束腰式的紧身设计极好地勾勒出婀娜的腰部曲线，结合简约的齐地裙摆，复古、典雅。

经典的抹胸结合束腰包臀的设计，加上腰部蝴蝶结的点缀，既能凸显新娘曼妙的身姿又添了几分俏丽与甜美。小鱼尾的裙摆设计优雅而婉约。

花样年华礼服发型

饱满的后发髻盘发，结合卷筒状的时尚刘海，点缀前额的珠花，整体发型凸显了新娘时尚甜美的明星气质。操作过程中，需掌握刘海与后发区发髻的衔接，使其自然地融为一体。整体发型轮廓要做到饱满、大气。

华贵幻纱礼服发型

此款发型运用了拧包及三股续发编辫手法打造而成。高耸饱满的顶发区盘发，精致有型，凸显了新娘小脸的效果，搭配绢花与大网纱，尽显新娘高贵优雅的气质。

HAIRSTYLE

旗袍发型：层峦叠嶂盘发

01 取左侧的头发向后提拉，拧转并固定。

02 继续取后发区左侧的头发，以相同的手法进行操作。继续操作至后发区右侧。

03 将发尾由右向左进行提拉后拧转，收起并固定。

04 取后发区右侧的头发，向上做拧包，收起并固定。

05 将发尾依次进行拧转并固定。

06 将剩余的发尾做发卷，收起并固定。

07 对刘海区的头发做手推波纹处理。

08 将剩余的头发依次向后拧转并固定。

09 在后发区点缀钻饰发卡。

发型重点

此款发型运用了拧包及手推波纹手法打造而成。整体发型讲究圆润饱满、纹理清晰。刘海的手推波纹处理是此款发型的重点，操作时需对头发先进行内扣烫发处理，使其有卷曲自然的波浪纹理，这样更加易于塑造轮廓的弧度。

DRESSING
诗古华韵的线条之美
选择适合自己的旗袍

复古风近年来颇为流行，经典的旗袍被越来越多
的新娘选择，旗袍能很好地凸显新娘优雅动人的
身材曲线。此款红色与金色相间的旗袍显得高贵，
肩胸镂空的薄纱增添了新娘时尚妩媚的气质。落
地的裙摆设计，不仅使新娘的身材更加婀娜妩媚，
而且可以修饰新娘不完美的身材。这款旗袍适合
追求高贵华丽的新娘。

其他旗袍款式推荐

琵琶领搭配不规则的三角形镂
空的设计，既性感又不过于暴
露，将东方女子的含蓄内敛很
好地体现了出来。修身提臀的
紧身设计则更加凸显了新娘古
典优雅的韵味。

包肩的设计含蓄淳朴，
高腰直筒式的裙摆将新
娘的身材修饰得更加高
挑。琵琶领搭配水滴洞
的设计则凸显了新娘性
感的气息。

琵琶领搭配水滴洞的设计带
有性感的韵味。高腰贴身设
计勾勒出新娘优美的身材曲
线。小鱼尾的裙摆则增添了几
分时尚与优雅。

华贵宫廷旗袍发型

高耸的顶发区包发，搭配左右两侧外翻的刘海，展现十足的女王范儿。后发区精致的卷筒组合，使得整体发型精致而大气。重点需掌握左右刘海的对称及后发区卷筒堆砌的层次感。

腼腆娇丽旗袍发型

此款发型运用了拧包、打毛及编辫手法打造而成。错落有序的偏侧拧包发髻，层次鲜明，轮廓饱满，再搭配精致的红色复古头花，整体发型凸显了新娘复古婉约的气质。